U0294115

水产养殖网箱标准体系研究

SHUICHAN YANGZHI WANGXIANG

BIAOZHUN TIXI YANJIU

石建高　主编

中国农业出版社

北　京

编写人员名单

主　　编　石建高

副 主 编　房金岑

参编人员　钟文珠　卢本才　王致洲　陈晓雪

　　　　　　余雯雯　丛桂懋　程世琪

前 言
FOREWORD

从我国古代的"车同轨、书同文"到现代工业的规模化生产，都是标准化的生动实践。标准是人类文明进步的成果，是经济活动和社会发展的技术支撑。国家主席习近平在致第39届国际标准化组织大会的贺信中指出，"标准助推创新发展，标准引领时代进步"。2015年3月，《国务院关于印发深化标准化工作改革方案的通知》（国发〔2015〕13号）中要求"着力解决标准体系不完善、管理体制不顺畅"等问题，以加快构建新型标准化体系。《国务院办公厅关于印发〈国家标准化体系建设发展规划（2016—2020年）〉的通知》中也明确提出了"推动实施标准化战略，建立完善标准化体制机制，优化标准体系，强化标准实施与监督，夯实标准化技术基础，增强标准化服务能力，提升标准国际化水平"。伴随着经济全球化深入发展，标准化在便利经贸往来、支撑产业发展、促进科技进步、规范社会治理中的作用日益凸显。

水产标准体系是水产标准化工作的基础，它涉及淡水养殖、海水养殖、渔具及渔具材料等多个领域中的标准。我国现行渔具及渔具材料国家标准、行业标准有80余项，标准范围与内容涵盖了拖网、刺网、钓具、张网、网箱和渔具材料等多个领域。网箱是现代渔业的重要组成部分，全国水产标准化技术委员会渔具及渔具材料分技术委员会（SAC/TC 156/SC 4）作为我国网箱标准的归口管理部门，为我国网箱标准的制修订工作做出了重要贡献，助力了我国网箱标准的现代化建设。为贯彻落实《国务院关于印发深化标准化工作改革方案的通知》要求，更好地为渔业现代化建设提供标准化支撑服务，构建完善顺畅的水产养殖网箱标准体系，服务现代渔业绿色发展需求，中国水产科学研究院东海水产研究所（简称东海所）石建高研究员课题组等在各级领导的支持与帮助下，依托相关项目率先开展了水产养殖网箱标准体系研究工作，在征求部分专家意见的基础上，率先制定出水产养殖网箱标准体系框架与标准体系表。

为推动网箱养殖业发展，支撑现代渔业的绿色发展，东海所石建高研究员组织专家、学者、行业相关单位编写了本书。本书详细介绍了水产养殖网箱的研究进展、渔具及渔具材料标准体系概况、水产养殖网箱标准体系等内容。本书由石建高主编，房金岑副主编，钟文珠、卢本才、王致洲参加了编写或标准收集等工作。陈晓雪、余雯雯、丛桂懋、程世琪等参与了调研、文献收集或标准翻译等工作。全书由石建高进行统稿。

本书的编写出版得到了中国水产科学研究院东海水产研究所、中国水产科学研究院、武昌船舶重工集团有限公司、中国水产科学研究院渔业机械仪器研究所、浙江舟山海王星蓝海开发有限公司等单位的支持，在此表示感谢。本书为编写组成员、网箱项目组或课题组人员、网箱项目建设单位及其技术支撑团队等集体智慧的结晶，在此向他们表示衷心的感谢。

本书主要得到了国家工信部高技术船舶科研项目（半潜式养殖装备工程开发，项目批复文号：工信部装函［2019］360号）、国家自然基金项目（31972844）、中国船舶重工集团有限公司科技创新与研发项目（项目编号：201817K）、2019年农业国家、农业标准制修订项目"渔具及渔具材料标准清理，构建水产养殖网箱标准体系"（项目序号：45）、2020年省级促进（海洋）经济高质量发展专项资金项目（粤自然资合〔2020〕016号）等多项科技项目的支持和帮助，在此表示感谢。本书还得到了中国水产科学研究院东海水产研究所基本科研业务费项目（项目编号：2019T04、2019T11）、中国水产科学研究院基本科研业务费专项课题（课题编号：2017JC0202、项目编号：2017JC02）、泰山英才领军人才项目"石墨烯复合改性绳索网具新材料的研发与产业化"、国家支撑项目（2013BAD13B02）、现代农业产业体系专项资金（编号：CARS-50）、湛江市海洋经济创新发展示范市建设项目（湛海创2017C6A、湛海创2017C6B3）、网箱技术开发项目（TEK20121016）和深远海网箱项目（TEK20131127）等项目的支持和帮助，一并致谢！

本书在编写中参考了部分文献，编者将主要文献列于参考文献中，在此对文献资料的作者表示由衷的感谢。

本书可供渔业管理部门、高等院校、研究所、养殖业、协会以及社会其他各界人士阅读参考。本书是国际上首部系统研究与探讨水产养殖网箱标准体系的重要著作，整体技术达到国际先进水平，部分技术达到国际领先水平。期望本书为政府管理部门的科学决策、网箱标准制修订工作及其产学研单位等提供借鉴，并为构建完善顺畅的水产养殖网箱标准体系发挥抛砖引玉的作用。由于编者水平、编写时间等所限，不当之处在所难免，敬请批评指正。

编　者
2020年10月

目 录
CONTENTS

前言

第一章 水产养殖网箱的研究进展 1

第一节 水产养殖网箱的起源 1

第二节 水产养殖网箱的定义 4

第三节 水产养殖网箱的分类 8

第四节 水产养殖网箱发展概况 12

第五节 水产养殖网箱选型 29

第二章 渔具及渔具材料标准体系概况 43

第一节 渔具及渔具材料标准体系现状 43

第二节 我国渔具及渔具材料标准体系框架 50

第三节 我国渔具标准体系表 52

第四节 我国渔具材料标准体系表 62

第三章 我国水产养殖网箱标准体系 70

第一节 我国水产综合标准体系表的编制依据、原则与流程 70

第二节 我国水产养殖网箱标准体系框架 75

第三节 我国水产养殖网箱标准体系表 76

第四节 我国水产养殖网箱标准体系研究的必要性 95

附录 99

附录1 关于加快推进水产养殖业绿色发展的若干意见 99

附录2 标准体系构建原则和要求 104

附录3 综合标准化工作指南 112

附录4 科技成果转化为标准指南 ·· 117

附录5 我国水产养殖网箱及其密切关联标准目录 ···························· 122

附录6 代表性水产养殖网箱相关标准 ··· 123

参考文献 ··· 148

第 一 章

水产养殖网箱的研究进展

　　水产养殖是人类通过养殖向海洋索取资源的重要途径之一。网箱是水产养殖先进生产力的典范，在现代渔业中，网箱不可或缺。2013 年，《国务院关于促进海洋渔业持续健康发展的若干意见》（国发〔2013〕11 号）中明确规定"推广深水抗风浪网箱和工厂化循环水养殖装备，鼓励有条件的渔业企业拓展海洋离岸养殖和集约化养殖"。2019 年我国水产养殖产量 5 079.07 万 t，而捕捞产量 1 401.29 万 t，水产养殖产量已大幅度超过捕捞产量。2019 年初，农业农村部等 10 部门印发了《关于加快推进水产养殖业绿色发展的若干意见》，提出我国将大力发展生态健康养殖，明确了未来国家大力扶持智能渔场的智慧渔业模式等新型水产养殖模式，支持发展深远海绿色养殖。因此，大力发展水产养殖网箱意义重大。

第一节　水产养殖网箱的起源

　　网箱（cage，net cage，aquaculture cage，farming cage）是指用网片和支架制成的箱状水生生物（主要是鱼类等水产动物）养殖设施。网箱不但具有简便、灵活、机动、高产和水域适应性广等特点，而且具有病害少、起捕方便、管理方便等优点，网箱养殖模式在水产养殖业上发展前景广阔。

　　网箱养殖是用塑料、金属、竹木等材料为框架，以合成纤维网、金属网和半刚性龟甲网等网衣为网身，装配成一定形状的箱体，设置在水中，通过流水高密度投饵养殖，或利用天然饵料为饵的高产精养技术。

　　水产养殖网箱一般分为海水网箱（offshore cage）、内湾网箱（inshore cage）和内陆水域网箱（inland cage）等。随着网箱养殖业的发展，普通网箱、深水网箱、深远海网箱、养殖渔场和（智能）网箱（养殖）平台等多种养殖模式也已出现。普通网箱亦称传统近岸小网箱、传统近海港湾网箱或普通海水网箱等。曾有学者或文献指出网箱养殖技术来源于柬埔寨（由柬埔寨渔民采用竹笼等方法将捕捞的渔获产品保活集中销售而来），但《深远海网箱养殖技术》等文献表明网箱养殖技术起源于我国。根据宋朝周密著的《癸辛杂识》中《别集》（1243 年）记载，以竹和布构成网箱进行养殖距今已有 700 多年的历史，比柬埔寨早 600 多年。因此，网箱养殖技术最早起源于我国，后来逐步在世界各地被推广应用。

我国淡水网箱养殖始于唐朝时期，当时养殖青鱼、草鱼、鲢、鳙四大淡水鱼类，在江河中采集的天然鱼苗先在网箱中暂养，积存到一定数量后外运出售。20 世纪 70 年代才真正发展起淡水网箱养鱼。当时主要在一些水库、湖泊等浮游生物多的淡水水域设置网箱，培育大规格鲢、鳙等养殖种类。70 年代后期，我国淡水网箱养鱼的方式和种类有了新的发展，从主要依靠天然饵料的大网箱粗放式养殖转变为投喂配合饲料的精养式养殖，养殖种类为鲤、罗非鱼、草鱼等摄食性鱼类。21 世纪后又发展了鳜、鳗鲡、南方鲇和加州鲈等鱼类的网箱养殖，取得了较好的效益。在淡水网箱形式上，目前有小型网箱、大水面网箱、大型抗风浪网箱［如位于青海龙羊峡的周长 160 m 虹鳟养殖用高密度聚乙烯（HDPE）框架大型（内陆水域）抗风浪网箱等］。目前，淡水网箱养殖经营方式由单纯的经济效益型逐渐转变为经济效益和生态效益兼顾型，产量和效益明显提高。2006 年中国水产科学研究院（以下简称水科院）东海水产研究所（以下简称东海所）石建高所在团队率先制定了《淡水网箱技术条件》（SC/T 5027），助力我国淡水网箱养殖向标准化方向发展。

我国海水网箱养殖起步较晚。1979 年广东省试养石斑鱼、鲷科鱼类、尖吻鲈等获得成功，之后在海南、福建、浙江及山东等地得到长足发展。2019 年全国普通网箱数量已发展到 140 多万只（每只网箱养殖面积以 16 m² 估算），主要分布在福建、广东、海南、浙江、山东、辽宁等地。普通网箱主要由框架、箱体和沉子等组成；框架大多由木板、毛竹、HDPE 塑料管、镀锌钢管、泡沫浮球（或其他塑料桶等）等装配而成。常见传统近岸方形小网箱规格为（3～6）m×（3～6）m×（3～6）m 等。普通网箱由于抗风浪能力差，一般设置于避风条件好、风浪流小的内湾、港湾、隘湾等海区。由于这些海区水体交换差，长期高密度养殖后会造成养殖海区底质与水质恶化，导致鱼类生长缓慢、病害流行，使网箱养殖难以持续发展。2017 年以来，福建宁德等地开始大力发展塑胶鱼排，以塑胶鱼排替代传统木质框架小网箱，这对美化海区环境起到了积极作用。2019 年福建省水产研究所、集美大学率先编制了《宁德市重点港湾塑胶养鲍（参）渔排工程技术规范（暂行）》《宁德市重点港湾塑胶养鱼渔排建造工程技术规范（暂行）》，这对塑胶鱼排系统（包括框架系统、网衣系统和锚泊系统等）质量起到积极推动作用。2019 年东海所石建高研究员团队联合相关单位起草了水产行业标准《塑胶渔排通用技术要求》，以实现塑胶渔排全行业的统一规范管理，助力了我国塑胶渔排的标准化，为我国传统近岸网箱的升级换代做出了巨大贡献。

为了改变普通网箱养殖现状，我国开始引进世界先进技术，于 20 世纪 90 年代后期开始引进海水抗风浪网箱技术，并进行创新应用，取得了显著进展。2019 年我国海水抗风浪网箱数量已发展到近 2 万只（每只网箱养殖水体以 1 000 m³ 估算），主要分布在广东、海南、广西、浙江、山东、福建、辽宁和江苏等地。我国海水网箱养殖主要品种有大黄鱼、鲈、石斑鱼、鲆、鲷、美国红鱼、军曹鱼、河豚、鲕、鲽、金鲳、鲻、鲯鳅、杜氏鰤、比目鱼、石蝶、海参、鲍鱼、六线鱼、红鳍笛鲷、斜带髭鲷、双斑东方鲀、花尾胡椒鲷、许氏平鲉、点带石斑鱼、斑点海鳟和紫红笛鲷等。2000 年以来，东海所石建高团队联合荷兰皇家帝斯集团山东爱地高分子材料有限公司、宁波百厚网具制造有限公司、惠州市艺高网业有限公司、江苏九九久科技有限公司、浙江千禧龙纤特种纤维股份有限公司、鲁普耐特集团有限公司和江苏金枪网业有限公司等单位率先开展了（超）大型养殖网箱用超高分子量聚乙烯（UHMWPE）纤维绳网新材料、半刚性聚酯（PET）网衣、Dyneema®SK-78 网衣、特力夫深海网箱和可组装式深远海潟湖金属网箱等工作，引领了我国水产养殖网箱用绳索网具等技术的发展。

　　深远海网箱是与内湾网箱、内陆水域网箱、普通网箱、深水网箱等比较出来的概念。海水抗风浪网箱与深远海网箱是两个不同的概念。海水抗风浪网箱在英文文献报道中有"sea anti-waves cage""offshore anti wave cage""deep water cage"和"offshore cage"等多种称谓；而它在中文文献报道中则有"深水网箱""离岸网箱""深（远）海网箱""深水抗风浪网箱""抗风浪海水网箱""（大型）抗风浪深水网箱"和"（大型）抗风浪深海网箱"等不同叫法。随着海水抗风浪网箱养殖技术的发展，国内外同行间的技术合作交流日益增多，海水抗风浪网箱的定义越来越清晰。为满足国内外网箱技术交流、生产加工、产业合作、行政管理、贸易统计和分析评估等各类需要，编者将设置在沿海（半）开放性水域、单箱养殖水体较大、具有较强抗风浪流能力的网箱称为海水抗风浪网箱（sea anti-waves cage、ocean anti-waves cage 或 offshore anti wave cage 等）；将设置在湖泊、江河等淡水水域、单箱养殖水体较大、具有较强抗风浪流能力的网箱称为内陆水域抗风浪网箱［inland anti wave cage，在青海龙羊峡水库、尖扎县公伯峡水库等地有人也称之为（内陆水域）深水网箱或（内陆水域）抗风浪网箱］。海水抗风浪网箱具有抗风浪能力强和养成鱼类品质好等明显优点。海水抗风浪网箱在挪威、美国、智利、英国、加拿大、日本、希腊、土耳其、西班牙和澳大利亚等国家发展也较快。现有国家标准、行业标准和国际标准中尚无"深远海网箱"的定义，导致不同人员、企业或管理部门等对深远海网箱概念有不同的理解。2017 年前我国水产养殖网箱养殖业尚未有武昌船舶重工集团有限公司（以下简称武船重工）等大型海工企业实质性介入。在一次有多位网箱养殖户、渔具及渔具材料分技术委员会等参加的交流会上，东海所石建高研究员提出了深远海网箱 1.0 时代、2.0 时代、3.0 时代的观点：2016 年前我国深远海网箱养殖工作处于起步阶段，这个时期为我国深远海网箱第一阶段——深远海网箱 1.0 时代。相关代表性工作有特力夫深海网箱、大型增强型 HDPE 框架圆形网箱、可组装式深远海潟湖金属网箱等，这为我国发展深远海养殖提供了技术支持与储备。2017 年 6 月武船重工为挪威萨尔玛（SalMar）公司建成 Ocean Farm 1 ——"海洋渔场 1 号"，随后我国兴起了深远海网箱研发、建造、应用示范（或应用试验）的热潮，标志着我国深远海网箱跨入了新的阶段——深远海网箱 2.0 时代。海工企业［如武船重工、烟台中集蓝海洋科技有限公司（以下简称中集蓝）、海王星蓝海开发有限公司（以下简称海王星）和上海振华重工（集团）股份有限公司（以下简称振华重工）等］联合院所校企建造了形式多样的深远海网箱（如深蓝 1 号、长鲸一号、蓝鑫号、振渔 1 号等），引领我国深远海网箱的绿色发展和现代化建设。目前，我国深远海网箱尚处于 2.0 时代，前景广阔，但任重道远。未来深远海网箱技术成熟，且有大规模（区域集群）的深远海网箱进行建造与产业化生产应用时，我国深远海网箱将跨入新的阶段——深远海网箱 3.0 时代。其相关观点获得了与会代表的认可。在网箱领域，目前尚无深远海网箱时代划分标准，上述观点仅供参考。

第二节　水产养殖网箱的定义

目前我国尚无涵盖网箱、海水普通网箱、深水网箱、深远海网箱定义的国家标准或行业标准，而相关标准（ISO）等国际标准或国外标准中也没有相关的定义。开展水产养殖网箱定义研究非常重要，有利于构建完整的网箱产业技术体系。

一、网箱、海水普通网箱与深水网箱的定义

网箱（net cage）是指用网片和支架制成的箱状水产动物养殖设施〔参见《水产养殖设施　名词术语》（SC/T 6056—2015）〕。网箱涉及渔具、渔具材料、流体力学、水产养殖、工程力学、材料力学、海洋生态环境、海洋生物行为、海洋工程技术等多种学科。历史上渔具及渔具材料标准体系中一直包括网箱标准这一内容，渔具及渔具材料分技委一直重视网箱产业发展及其标准化工作，率先归口并主持制定了我国第一个网箱水产行业标准——《淡水网箱技术条件》（SC/T 5027—2006）。随着科技的发展，网箱除具有养殖功能外，一些网箱（如充气抬网网箱、底层鱼诱捕定置网箱）可像敷网、笼壶等渔具一样用于捕捞水生生物，上述网箱已具有渔具的内涵、特征和功能。对整个网箱系统而言，框架系统、箱体系统和锚泊系统是网箱主体，是网箱必不可少的组成部分（网箱主体属于渔具及渔具材料领域）；投饵机、吸鱼泵和洗网机是网箱配套设施（人们可根据养殖生产投入、配套设施技术成熟性、有无配套现代化养殖工船等多种因素来综合选择是否采用网箱配套设施）。网箱涉及学科、应用方向等的多样性导致其概念与领域的多样性，文献中有关网箱的定义有"集中捕捞和养殖对象的箱形渔具""由网片和支架制成的箱状水产动物养殖设施""海洋和内陆水域中，直接捕捞或养殖水生经济动物的工具""用适宜材料制成的箱状水产动物养殖设施""以金属、塑料、竹木、绳索等为框架，合成纤维网片或金属网片等材料为网身，装配成一定形状的箱体，设置在水中用于养殖或捕捞鱼类等生物的渔业设施"等。由此可见，网箱是渔具的重要组成部分。在我国渔具及渔具材料标准体系表中，网箱标准体系也长期作为一种渔具标准体系进行管理〔现行渔具及渔具材料标准体系表由全国水产标准化技术委员会渔具及渔具材料分技术委员会（SAC/TC 156/SC 4）审定通过及归口管理〕；我国一些著名渔具及渔具材料专家反映，在某些外贸产品出口中，网箱产品被放在渔具产品名录中。综上，网箱为一种特殊的渔具。

现行高等农林院校"十二五"规划教材《海洋渔业技术学》（孙满昌、邹晓荣主编）为捕捞渔具学科的全国经典教材，其在前言中指出"从广义的范围来看，随着水产动物的

生态学和行为学的发展，环境科学不断完善，渔船大型化……，自动控制和信息技术的日益广泛应用，海洋渔业技术学已从单一研究渔具和渔法，发展到与上述学科相结合，成为一门综合性学科。研究范围有：正确装配渔具，以延长渔具的使用期限，提高渔具的渔获效率；……；渔具的操作技术、渔具调整技术和渔具渔法选择性；近海增养殖设施等。"《海洋渔业技术学》第十一章"近海增养殖设施"涉及深水网箱等主要内容。可见，海洋渔业技术学科已经将深水网箱等近海增养殖设施纳入范围。在人们的理念中，网箱早已是直接捕捞和养殖水生经济动物的渔具。在 ISO 标准中，网箱和拖网等相关标准都归口在同一个技术委员会。在与国外技术人员的交流中，国外技术人员也认为网箱是综合敷网、围网、张网和笼壶类等各类渔具而发展起来用于养殖生产的新型渔具。顺应网箱功能的发展与网箱产业生产实际应用，修订渔具的定义，符合目前渔业生产现状，体现了与时俱进的科学态度。2017 年 12 月 12 日全国水产标准化技术委员会第五届渔具及渔具材料分技术委员年会暨标准审定会在山东石岛召开，会议通报渔具及渔具材料分技术委员会 2015—2017 年工作情况，研究讨论捕捞渔具准入配套标准体系，并审定了相关标准；会议期间，全国水产标准化技术委员会组织全体与会委员对渔具定义的修订进行了研讨、投票表决，会议投票表决通过了渔具定义的修订，即把原渔具定义"海洋和内陆水域中，直接捕捞水生经济动物的工具"，修改成"海洋和内陆水域中，直接捕捞和养殖水生经济动物的工具"。上述渔具定义的修改既符合全国水产标准化技术委员会渔具及渔具材料分技术委员会委员的意见，又满足我国现代渔业产业结构由捕捞为主调整为以养殖为主的发展需要。

截至 2020 年 8 月，我国已立项的海水网箱国家标准和行业标准共 16 项。其中，《海水重力式网箱设计技术规范》《淡水网箱技术条件》《浮绳式网箱》《养殖网箱浮架　高密度聚乙烯管》《高密度聚乙烯框架铜合金网衣网箱通用技术条件》《浮式金属框架网箱通用技术要求》《高密度聚乙烯框架深水网箱通用技术要求》《海水普通网箱通用技术要求》《网箱养殖浮筒通用技术要求》《深水网箱通用技术要求　第 1 部分：框架系统》《深水网箱通用技术要求　第 2 部分：网衣》《深水网箱通用技术要求　第 3 部分：纲索》《塑胶渔排通用技术要求》《深水网箱通用技术要求　第 4 部分：网线》等 15 项行业标准归口在全国水产标准化技术委员会渔具及渔具材料分技术委员会（SAC/TC 156/SC 4）。我国发布实施的网箱地方标准或技术规范主要有《聚乙烯框架浮式深水网箱》（DB33/T 603—2006）、《抗风浪深水网箱养殖技术规程》（DB46/T 131—2008）、《深水网箱养殖技术规程》（DB37/T 1197—2009）、《深水网箱养殖技术规范》（DB44/T 742—2010）、《宁德市重点港湾塑胶养鲍（参）渔排工程技术规范（暂行）》《宁德市重点港湾塑胶养鱼渔排建造工程技术规范（暂行）》等。为更好地开展网箱技术国内外合作交流、生产加工、行政管理、贸易统计、分析评估等工作，急需制定更多的海水网箱国际标准、国家标准、行业标准、地方标准、团体标准或技术规范。全国水产标准化技术委员会渔具及渔具材料分技术委员会（SAC/TC 156/SC 4）作为我国网箱标准的归口管理部门，为我国网箱标准的制修订工作做出了重要贡献，助力了我国网箱标准的现代化建设与水产养殖的绿色发展。

我国政府管理部门则组织行业科技人员等制定网箱标准。水产行业标准《海水普通网箱通用技术要求》（SC/T 4044—2018）和《高密度聚乙烯框架深水网箱通用技术要求》（SC/T 4041—2018）（东海所石建高研究员主持起草）中第一次给出了海水普通网箱、深水网箱的定义（所谓海水普通网箱是指放置在沿海近岸、内湾或岛屿附近，水深不超过15 m的中小型网箱。海水普通网箱亦称普通海水网箱，普通海水网箱对应的英文为"traditiondal sea cage"；海水普通网箱对应的英文为"traditiondal inshore cage"。所谓深水网箱是指放置在开放性水域，水深超过15 m或周长40 m以上的大型网箱。深水网箱亦称离岸网箱，其对应的英文为"offshore cage""deep water cage"）。我国水产养殖模式多种多样，主要包括池塘、普通网箱、深水网箱、筏式、吊笼、底播和工厂化等。根据《2019年中国渔业统计年鉴》，2018年我国池塘、普通网箱、深水网箱、筏式、吊笼、底播和工厂化等海水养殖方式产量分别为2 466 523 t、594 562 t、153 978 t、6 126 152 t、1 278 542 t、5 311 699 t、255 366 t，综上，2018年我国海水网箱养殖总产量高达748 540 t，它们是目前海水养殖的主要方式之一，海水网箱养殖业大有可为。

二、深远海网箱的定义

我国目前为世界第一水产养殖大国，但最近几年无论是内陆养殖还是近海养殖，发展空间都持续受到其他产业挤压，而且水质环境也在不断恶化，在种种不利因素的影响下，水产养殖业未来的增长空间令人担忧。为应对上述挑战，人们把目光瞄准了深远海养殖。中国工程院雷霁霖院士表示：走向深远海、开展海水养殖是满足日益增长的水产品供给需求的重要途径。曾有美国学者这样定义深远海养殖：通常被认为是将养殖系统安放在离岸数千米外，有大的水流和海浪的地区。深远海养殖在1995年时就被美国国会技术评价办公室认定为具有潜力的渔业增长方式，美国国家海洋和大气管理局对深远海养殖的定义为：在离岸3～200 n mile进行可控条件下的生物养殖，其设施可为浮式、潜式或负载于固定结构的设施。深远海养殖涉及深远海网箱养殖、深远海贝藻类养殖、深远海养殖工船和深远海养殖平台等。网箱养殖是将网箱设置在深远海水域中，把适养对象（如鱼类、海参、鲍鱼等水产动物）放养于箱体中，借助箱体内外不断的水交换，维持箱内适合养殖对象生长的环境，并利用饵料培育养殖对象的方法。现行管理部门、水产养殖业、水产科研院所高校、网箱养殖业等涉及的深远海网箱养殖涵盖深水网箱和远海网箱两个方面，但目前世界上尚无涉及深远海网箱定义的国际标准、国家标准、行业标准、团体标准和地方标准。

为统一深远海网箱的术语和定义，开展"深远海""深远海网箱"等深远海养殖业相关概念论证研究非常重要和必要。国内外渔业文献和报道中经常出现"深远海"一词，但目前还没有渔业标准对其进行明确的定义，对其近义词的定义也不尽相同。在我国海洋渔业管理中，对"深远海"的界定并不一致。渔业生态学将"深海"定义为大陆架以外水深大于200 m的海域；海洋渔业捕捞生产行业按操作水深的不同，习惯将海区划分成不同深度的作业区，100 m等深线以深的海域被称为深海作业区或外海作业区；国家海洋渔业统计上将"外海"定义为深度 80~100 m 的海域。海洋学中对"深海"有明确的界定。"深海"为深度为 2 000~6 000 m 的海洋。海洋生物环境由岸向海依次分为浅海区和大洋区两部分，且大洋区进一步分为上层、中层、深层、深渊层和超深渊层，深层指深度大于 1 000 m 的部分。国家海洋管理相关部门对近海、远海进行了划分。依据国家海洋局 2002 年《中国海洋环境质量公报》：近岸海域外部界限平行向外 20 n mile 的海域为近海海域，近海海域外部界限向外一侧的全部我国管辖海域为远海海域。根据国内外深远海网箱特点和网箱养殖业、网箱贸易商、网箱生产企业、部分渔具及渔具材料标准化委员会代表等的意见和建议，东海所石建高研究员于 2009 年的一次交流会上曾给出深远海网箱的定义——深远海网箱（deep sea cage）是指用适宜材料制成、放置在深远海的箱状水产养殖设施。

参考国内外海水网箱养殖发展的现状和上述诸多定义的界定可以看出，现阶段我国开展的所谓的"深远海"养殖活动并没有涉及真正意义上的"深海"空间。一些学者曾在论著中给出"深远水"的初步定义与"深远水养殖"定义：所谓深远水"既可以指在大陆架相对平缓宽广的海区，距离海岸 20 n mile 以上水域；也可以指在大陆架相对狭窄海区，水深大于 200 m 以上水域"。所谓深远水养殖是指"在动力条件、化学条件、气象条件、生物条件、地质条件等较为适宜的深远水海域，开展的对目标鱼种的人工养殖活动"。东海所石建高研究员等前期对国内外深远海网箱相关文献报道、创新技术等进行了大量分析研究，研究结果表明：①深远海网箱位于深远海岛礁海域、离岸数海里外或放置于有较大水深的开放性水域；②深远海网箱是一种水产养殖设施；③深远海网箱一般由框架、箱体和锚泊系统等部分组成（箱体主体不局限于网衣材料，可由其他适宜材料制作）；④深远海网箱有时还配备附属装备（如洗网机、自动投饵、水下监控、自动收鱼）等。深远海网箱是一种新型水产养殖设施，在一些论著、文献、微信、媒体报道或生产活动中，具有养殖功能的海洋渔场、深远海渔场、超级渔场、离岸（超）大型网箱、网箱养殖平台等都被称为深远海网箱。此外，也有人在论著、报道或报告等中将水产养殖围栏、从事养鱼或休闲渔业的海洋牧场平台、从事养鱼或休闲渔业的养殖工船等称为深远海网箱。如正在申报的国家标准《柱稳型深远海渔场设计要求》中将深远海渔场（offshore fish farm）定义为在水深大于 20 m 或离岸数海里外有较大水流和海浪的海域从事水产养殖，且有效养殖水体不小于 5 万 m³，采用锚泊系统长期系固在海上的钢质海洋渔业养殖设施。2019 年 6 月 17 日颁发的《浙江省财政厅 浙江省自然资源厅关于调整海域无居民海岛使用金征收标准的通知》（浙财综〔2019〕21 号）中指出，深远海大型智能化养殖是指在低潮位 40 m 水深以上的区域，利用半潜全潜智能化金属网箱养殖鱼类的方式。浙江制造团体标准 T/ZZB 1184—2019《深远海打捞用超高分子量聚乙烯纤维缆绳》中给出了深远海的定义——离岸 3 n mile 外或深度为 300 m 以上的海域（该标准由浙江四兄绳业有限公司、浙江中绳科技有限公司、东海所、台州市标准化研究院、杭州尚量标准化管理技术咨询公司联合起草）。

近年来，随着渔业技术与海洋工程技术等的跨界协同与创新应用，深远海网箱养殖业已成为科技含量高的养殖模式,如①深远海网箱年单产鱼类由几百千克增加到近百吨;②深远海网箱结构已由单一浮式结构发展到沉式、升降式、半沉式、坐底式和半潜式等多种结构形式;③深远海网箱容积由几十立方米增加到几千立方米甚至上万立方米;④深远海网箱养殖品种扩大到几十种,几乎涉及市场需要量大、经济价值高的所有品种;⑤深远海网箱养殖方式也由单一鱼类品种养殖发展为鱼贝藻等多品种混养或立体养殖;⑥深远海网箱框架材料不断升级换代,框架可采用高强度塑料、塑钢橡胶和新型合金钢等新型材料;⑦深远海网箱箱体网衣纤维材料由传统的合成纤维逐步向高强度纤维材料、超高强度纤维材料(如特力夫纤维等)方向发展,另外,钛合金金属纤维、镀锌铁丝、锌铝合金丝、镀铜铁丝、铜锌合金丝高强度模聚乙烯纤维(江苏九九久科技有限公司等单位加工制造)和合金板材等合金材料也逐步得到试验或应用;⑧深远海网箱养殖管理正逐步往自动化方向发展,在养殖生产中可因地制宜地采用水质分析、水下监控、生物测量、自动投饵、鱼类分级、自动吸鱼和死鱼收集等智能化装置(未来还可通过鱼脸识别技术实现病鱼分仓、鱼类大小分级);同时在苗种培养、鱼类病害防治和免疫、配合饵料、绳网材料抗老化、网衣防污损等方面正加速开发研究和推广应用等。

基于上述国内外水产养殖网箱研究,我国网箱养殖发展需求日益增长、条件日趋成熟、推力日渐增强,相关技术也发展迅速。我国与国外同行的网箱养殖技术交流日渐增多,深远海网箱的定义越来越清晰。

中国水科院东海所石建高研究员在大量研究的基础上给出了深远海网箱的中文定义(参见石建高研究员主编出版的《深远海网箱养殖技术》专著),具体如下:

深远海网箱的中文定义:深远海网箱是指放置在低潮位水深超过 15 m 且有较大浪流开放性水域、在离岸 3 n mile 外岛礁水域、或养殖水体不小于 10 000 m³ 的海水网箱。

深远海网箱的英文定义:The deep sea cage refers to the marine cage placed in the water area with the water depth of more than 15 m at the low tide level and the open water area with large wave current, or in the island reef water area 3 nautical miles offshore, or its aquaculture water is not less than 10 000 m³.

东海所石建高研究员给出的上述深远海网箱定义已得到与会专家(包括部分全国水产标准化委员会渔具及渔具材料分技术委员会委员)与一些业内人士的认可。在目前缺少深远海网箱国际标准、国家标准或行业标准的情况下,上述定义可供行政管理、国内外贸易、水产养殖业、院所高校、企业协会和合作交流等参考使用。建议我国尽快组织制定水产养殖网箱国际标准、国家标准或行业标准,以规范、统一水产养殖网箱的定义及其通用技术要求。

第三节　水产养殖网箱的分类

1. 按作业方式分类

按作业方式分类,网箱分为沉式网箱(submerged cage)、浮式网箱(floating cage)、升降式网箱（submersible cage）、坐底式网箱（bottom founded cage）、全潜式网箱（full submersible cage）、半潜式网箱（semi - submersible cage）、潜浮式网箱（submerged floating cage）、组合式网箱（combined cage）、潜降式网箱（submersible descent cage）、坐底抗台式网箱（bottom - mounted anti - platform cage）和移动式网箱（movable cage）等。

2. 按养殖水域分类

按养殖水域分类，网箱分为淡水网箱（freshwater cage）、海水网箱（offshore cage）、内湾网箱（inshore cage）和内陆水域网箱（inland cage）等。海水网箱按水深、离岸距离、养殖水体、养殖地址和养殖装备等因素又进一步分为海水普通网箱（traditional sea cage；traditional inshore cage，亦称普通海水网箱）、深水网箱（offshore cage；deep water cage，亦称离岸网箱）和深远海网箱（deep sea cage；high sea cage；open sea cage；deep ocean cage）等。深远海网箱可分为深海网箱、远海网箱、深远海养殖平台、深远海网箱平台和深远海网箱养殖（休闲）平台等种类〔在一些文献或报道中，人们也将深远海网箱称为深海渔场（ocean farm）〕。

3. 按框架材质分类

按框架材质分类，网箱分为木质（框架）网箱（wooden cage）、毛竹（框架）网箱（bamboo cage）、塑胶鱼排（plastic fishing raft；plastic fish fillet；plastic fish steak）、金属（框架）网箱（metal cage）、浮绳式网箱（flexible rope cage）、高密度聚乙烯（HDPE）（框架）网箱（HDPE cage）和钢丝网水泥（框架）网箱（ferro - cement cage）等。金属（框架）网箱又可分为钢管（框架）网箱（steel tube cage）、浮式金属（框架）网箱（floating metal cage）、大型钢结构网箱（large steel structure cage）和超大型钢结构网箱（super large steel structure cage）等。

4. 按形状分类

按形状分类，网箱分为方形网箱（square cage）、圆形网箱（circular cage，亦称圆柱体网箱）、三角形网箱（triangular cage）、球形网箱（spherical cage）、船形网箱（boat cage）、蝶形网箱（butterfly cage）、双锥形网箱（two cones shaped cage）、星形网箱（star - shaped cage）、花形网箱（flower - shaped cage）等。

5. 按网衣材料分类

按网衣材料分类，网箱分为合成纤维网衣网箱〔fiber（net）cage〕、半刚性聚酯网衣网箱〔semi - rigid PET（net）cage，简称聚酯网箱或 PET 网箱〕、组合式网衣网箱〔combined type（net）cage〕、普通网衣网箱〔common（net）cage〕、高性能网衣网箱〔high - performance（net）cage〕、金属网衣网箱〔mental（net）cage，如锌铝合金网衣网箱、铜合金网衣网箱〕、防污网衣网箱〔anti - fouling（net）cage〕和功能性网衣网箱〔functional（net）cage〕等。

6. 按固定方式分类

按固定方式分类，网箱分为单点固泊网箱（single - point mooring cage）、三点固泊网箱（three‐point mooring cage）、多点固泊网箱（multi‐point mooring cage）、水面网格固泊网箱（surface grid mooring cage）和水下网格固泊网箱（underwater grid mooring cage）等。

7. 按张紧方式分类

按张紧方式分类，网箱分为锚张式网箱（anchor tension cage）和重力式网箱（gravity cage）。重力式网箱又可分为强力浮式网箱（floating cage）和张力腿网箱（tension leg cage）。

8. 按养殖平台分类

网箱养殖平台是近年来新兴起的一种特殊养殖设施，平台具有休闲渔业功能，可将它们作为一种特殊网箱对其进行管理、贸易、生产和交流等。按养殖平台分类，网箱分为休闲网箱平台（leisure aquaculture unit）、水面式网箱平台（surface aquaculture unit）、自升式网箱平台（self‐elevating aquaculture unit）、移动式网箱平台（mobile aquaculture unit）、柱稳式网箱平台（column stabilized aquaculture unit）、坐底式网箱平台（bottom founded aquaculture unit）、固定式网箱平台（fixed aquaculture unit）、网箱养殖休闲平台（aquaculture breeding and leisure unit）、普通网箱平台（traditional aquaculture unit；traditional cage unit）、深水网箱平台（deep water aquaculture unit；deep water cage unit）、离岸网箱平台（offshore aquaculture unit；offshore cage unit）和深远海网箱平台（deep sea cage unit）等。

为帮助读者进一步了解养殖平台，根据《钢质离岸深水网箱养殖休闲平台建造技术规范（初稿）》等资料，下面给出相关养殖平台的定义，供读者参考。所谓移动式网箱平台是指可根据需要从一个养殖和渔业服务地点转移到另一个地点的海上网箱平台。所谓固定式网箱平台是指通过桩基、重力式基础或系泊系统等方式长期固定于某一海上养殖水域的海上网箱平台。所谓自升式网箱平台是指具有活动桩腿且其主体能沿支撑于海底的桩腿升至海面以上预定高度进行作业，并能将主体降回海面和回收桩腿的设施。该种形式一般为移动式。所谓坐底式网箱平台是指由下壳体和数根立柱支撑海面以上上壳体的设施，适合于浅水作业，作业时下壳体坐落在海底上，并由立柱支撑上壳体上的全部重量。该种形式既可以是移动式，也可以是固定式。所谓深水网箱平台是指适用于水深不小于 15 m 的网箱平台。深远海养殖平台类网箱涉及深远海网箱平台和深远海网箱养殖休闲平台等。所谓深远海网箱平台是指适用于深远海的网箱平台。所谓离岸网箱平台是指远离码头和港湾，能抵抗较大的风、浪、流的网箱平台。所谓水面式网箱平台是指由单个或多个船形或驳船形排水型浮体构造的，在漂浮状态下作业的设施。所谓柱稳式网箱平台是指用立柱或沉箱将上壳体连接到下壳体或柱靴上的设施；漂浮作业时下壳体或柱靴潜入水中，部分立柱露出海面，为半潜状态；坐底作业时下壳体或柱靴坐落在海底上，部分立柱露出海面，为坐底状态。该种形式一般为移动式，也可以是固定式（柱稳式网箱平台亦称半潜式网箱平台）。所谓深远海网箱养殖休闲平台是指在海洋设定区域内，用于深远海养殖及休闲的网箱类养殖设施（简称深远海网箱平台）。

9. 按养殖对象分类

网箱养殖对象有很多，如大黄鱼、鲈、石斑鱼、鲆、鲷、美国红鱼、军曹鱼、河豚、鲕、鲽、金鲳、鲻、鲯鳅、杜氏鰤、比目鱼、石蝶、海参、鲍鱼、六线鱼、红鳍笛鲷、斜带髭鲷、双斑东方鲀、花尾胡椒鲷、许氏平鲉、点带石斑鱼、斑点海鳟和紫红笛鲷等。按养殖对象分类，网箱分为大黄鱼网箱、鲈网箱、石斑鱼网箱、鲆网箱、鲷网箱、美国红鱼网箱、军曹鱼网箱、河豚网箱、鲕网箱、鲽网箱、金鲳网箱、鲻网箱、鲯鳅网箱、杜氏鰤网箱、比目鱼网箱、石蝶网箱、海参网箱、鲍鱼网箱、六线鱼网箱、红鳍笛鲷网箱、斜带髭鲷网箱、双斑东方鲀网箱、花尾胡椒鲷网箱、许氏平鲉网箱、点带石斑鱼网箱、斑点海鳟网箱、紫红笛鲷网箱等。

10. 按网箱大小分类

为适应养殖生产和养殖对象的需要，网箱的大小差异很大。按网箱大小分类，网箱分为小型网箱、中型网箱、中小型网箱、大型网箱、超大型网箱、巨型网箱等。

11. 按其他方法分类

除上述分类方法外，人们还根据地域文化或实际生产需要等使用其他分类方法。如根据网箱框架材料的柔性，将网箱分为柔性框架网箱、半刚性框架网箱和刚性框架网箱等。

养殖工船是一种特殊的养殖模式，近年来我国开始建设养殖工船（如"鲁岚渔养61699"等）。养殖工船在我国尚处于起步阶段，目前相关行业标准、行政管理制度等非常缺乏。因此，目前一些学者、养殖户或养殖企业建议可以将养殖工船作为一种特殊水产养殖设施对其进行管理、贸易、生产和交流等。

为了圈养水生生物而设置在水中的增养殖设施（亦称围网、网栏、网围、栅栏等）称为围栏（enclosure culture，net enclosure culture）。这是我国目前一种重要的水产养殖模式。近年来东海所石建高团队等联合相关企业开展了大量技术研究、项目建设，台州、温州等地兴起了建设养殖围栏的高潮（目前石建高研究员等人主持的围栏最大养殖面积 120 hm²，引领了我国养殖围栏的技术发展和现代化建设）。从严格意义上说，围栏与网箱属于两种不同的养殖模式，目前养殖围栏相关行业标准、行政管理制度等非常缺乏。基于 HDPE 框架围栏、浮绳式围栏、双圆周管桩式围栏等围栏与网箱结构形式非常接近，因此在一些文献资料、论文专著、媒体报道或学术交流中，有些学者、养殖户或养殖企业亦称围栏为网箱、围栏箱、围栏网箱或围栏养殖网箱等。可将围栏养殖网箱（enclosure culture cage，net enclosure culture cage，fence culture cage）作为一种特殊网箱对其进行管理、贸易、生产和交流等。按围栏结构形式或现状分类，围栏养殖网箱分为柱桩式围栏养殖网箱（pillar - type enclosure culture cage）、浮绳式围栏养殖网箱（flexible rope enclosure culture cage）、HDPE 框架围栏养殖网箱（HDPE frame enclosure culture cage）、移动式围栏养殖网箱（mobile enclosure culture cage）、固定式围栏养殖网箱（fixed enclosure culture cage）、双圆周围栏养殖网箱（double circumferential enclosure culture cage）、船形围栏养殖网箱（ship - type enclosure culture cage）、八角形围栏养殖网箱（octagonal enclosure culture cage）、多边形围栏养殖网箱（polygonal enclosure culture cage）、堤坝式围栏养殖网箱（dam – type enclosure culture cage）、深水围栏养殖网箱（deep water enclosure culture cage）、离岸围栏养殖网箱（offshore enclosure culture cage）和深远海围栏养殖网箱（deep sea enclosure culture cage）等。总之，围栏丰富了水产养殖模式，是网箱养殖模式的补充和延伸，围栏助力了我国水产养殖的绿色发展和现代化建设。

"十五"以来，我国致力于新型网箱的研发，取得了大量网箱专利，开发出单点系泊网箱、抗风浪金属网箱、多层次结构网箱、塑胶鱼排、海参养殖网箱、联体加强型深远海网箱、岛礁型抗风浪金属网箱、鲆鲽类专用升降式网箱、HDPE 组合式方形网箱、全钢焊接钢管抗台风鱼排网箱、铜锌合金网衣网箱、铜合金网衣网箱、增强型 HDPE 框架深远海网箱、可在水上实地组装的外海海域和礁盘内抗风浪养殖网箱等新型网箱。部分新型网箱实现了产业化生产应用，如增强型 HDPE 框架深远海网箱由湛江经纬实业有限公司联合东海所石建高团队等设计开发，目前已实现产业化生产应用，相关成果助力了我国深远海网箱养殖业的绿色发展。又如厦门屿点海洋科技有限公司（以下简称屿点科技）、广东南风王科技有限公司（以下简称南风王科技）等网箱企业自主开发或联合科研院所校企（如东海所石建高团队）设计了适合福建沿海用方形新型深水网箱〔主浮管管径 400 m，主浮管上部均铺满人行走道，深水网箱规格一般为（23～24)m×（23～24)m；亦称为护栏型塑胶渔排〕。这美化了养殖环境，助力了福建地区传统木质鱼排的升级改造。再如联体加强型深远海网箱由南风王科技联合东海所石建高团队等设计开发，目前已实现产业化生产并出口到埃及等国家，相关成果助力了国家"一带一路"倡议和水产养殖网箱养殖业的绿色发展。

第四节　水产养殖网箱发展概况

水产养殖网箱发展经历了普通网箱、深水网箱和深远海网箱等几个阶段。与海水普通网箱、深水网箱相比，深远海网箱集约化程度更高、养殖鱼类病害更少、养殖鱼类的外来饵料更丰富、养殖鱼类生长速度更快、养成鱼类品质更好等。诸多优势使得深远海网箱养殖经济效益显著。

一、国外网箱发展概况

从 20 世纪 30 年代开始，网箱养殖逐渐成为国外的一种重要而具特色的鱼类养殖方式。挪威、冰岛、英国、丹麦、美国、加拿大、澳大利亚、法国、俄罗斯和日本等国家纷纷投入大量人力和物力开展普通网箱养殖、深水网箱养殖或深远海网箱养殖。深远海养殖起始于美国，至今已有几十年的研究历史。1970 年，美国国家气象局资助工程师、海洋学家和海洋生物学家等一起探讨未来行动的可能性，第一次有组织地研究在开阔大洋中发展水产养殖；至今已有 20 多个国家和地区通过试验、研究、风险投资或政府资助等方式积极参与深远海养殖，美国、挪威等国家正积极推动深远海养殖科学和技术的发展。不过，受限于技术条件、项目投资回报率等影响，目前除金枪鱼外其他深远海养殖一般处于研发试验或政府资助下半商业化发展阶段，因为深远海养殖需要较高的装备技术水平和供应成本，一般需要工业规格的投资和私营公司管理。尽管深远海养殖仍处于试验阶段，很多技术问题也仍待解决，但不可否认的是，深远海养殖发展潜力巨大。2030 年全球深远海鱼类养殖可达 3 000 万～5 000 万 t，产值达到 600 亿美元，这相当于 2017 年中国海水鱼类养殖产量的 21～35 倍。除了经济效益之外，深远海养殖还有助于避免因过度捕捞引起的海洋荒漠化，增加海洋渔业资源和全球食品安全。国际上有关深远海网箱商业化养殖成功案例的公开报道很少。

挪威深远海养殖技术的研发始终走在世界前列，代表作品包括挪威萨尔玛（SalMar）公司"海洋渔场 1 号"、Nordlaks 公司的"Havfarm 1"等。下面先以挪威 Global Maritime 公司设计的"海洋渔场 1 号"为例进行说明。武船重工为挪威建造的"海洋渔场 1 号"引领了深远海网箱设施工程技术升级。2017 年 6 月，由武船重工总承包的半潜式智能海上"渔场"——挪威海上渔场养鱼平台"海洋渔场 1 号"在位于我国青岛黄岛区的武船重工新北船基地成功交付（该渔场交付给订购商挪威 SalMar 公司用于养殖）。

"海洋渔场 1 号"平台呈圆形，直径 110 m，高度 69 m，空体重量 7 700 t，容量 25 万 m³（相当于 200 个标准游泳池），安装了 2 万个传感器、100 多个监控设备和 100 多个生物光源，配备全球最先进的三文鱼智能养殖系统，一次可养殖三文鱼 150 万尾；整个设施由 8 根缆索连接海底固定，可抗 12 级台风。"海洋渔场 1 号"生产消耗了 210 万个工时，从中国运至挪威也经历了 1 940 h；SalMar 公司向武船重工订购了 5 台"海洋渔场 1 号"深海渔场，总价值 3 亿美元。"海洋渔场

图 1-1 "海洋渔场 1 号"深海渔场

1 号"的正中央有一座 5 层楼房，其中包括总控制室和人员住宿区等设施；渔场外围立着 12 根巨型钢柱，钢柱之间的渔网把渔场团团围住。作为现代化海上养殖装备，这座渔场安装有各类传感器和监控设备，在鱼苗投放、喂食、实时监控、渔网清洗等方面，系统都实现了智能化和自动化，其承载渔网清洗、死鱼收集等功能的旋转门系统在精度上达到毫米级，创业内新高度。这一渔场最多可容纳 9 人在深远海作业和生活，一个养殖季可出产三文鱼约 8 000 t，产值在 1 亿美元以上。"海洋渔场 1 号"于 2017 年 9 月运抵挪威，在完成固定安装之后已经投入 110 万尾小三文鱼（图 1-1）。"海洋渔场 1 号"项目渔场主体结构的制造和重要系统组装全部在中国完成。"海洋渔场 1 号"是海上养殖的"划时代"装备，对挪威、中国都是如此。随着各国渔业养殖模式的升级换代，这样的设备市场潜力巨大。与传统人工养鱼平台不同，"海洋渔场 1 号"是现代化、全自动的智能海上养殖装备；通过这种装备，鱼类养殖可以从近海深入远海，海上养殖的范围将大大扩展。

2016—2018 年，SalMar 公司再次推出新型深海渔场设计：智能渔场（smart fish farm，图 1 - 2）。该智能渔场直径 160 m，高 70 m（共包含 8 个养殖区），可养殖 300 万尾三文鱼，养殖容量是 SalMar 公司先前开发的"海洋渔场 1 号"深海渔场的 2 倍。2018 年 4 月，SalMar 公司根据智能渔场项目向挪威渔业局申请 16 张养殖执照，而 2018 年底挪威渔业

图 1 - 2　智能渔场

局仅审批并发放了 8 张执照。SalMar 公司表示，若公司与挪威当局就新许可的条款和条件达成协议，SalMar 公司将协同 MariCulture 公司全面推进智能渔场项目；智能渔场将是全球首个在开发海洋水域养殖三文鱼的养殖场，总投资约 1.73 亿美元。智能渔场设有一个封闭的承重中心柱，还设有中控室和研究实验室，可在封闭系统中治疗鱼虱或其他鱼类疾病。如果 SalMar 公司能够实现这一独特的深海渔场的有效安装，他们将在海洋养殖战略上取得重要突破；公司可向远海环境开辟广大的可持续水产养殖区域，使挪威在未来数年内保持并巩固其全球领先的大西洋鲑生产国地位。SalMar 公司表示，智能渔场将能够在恶劣天气条件下进行三文鱼养殖，可安装在距离挪威海岸 20～30 n mile 的远海地区。此外，SalMar 公司还与挪威科技大学、Sintef 研究院、国际技术集团 Kongsberg Gruppen 合作，共同开发新型深远海渔场项目。

2019 年 4 月"史上最大"深远海养殖项目揭幕，三文鱼生产商美威（Mowi）公司拟申请 2.8 万 t 配额并启动史上最大的深远海养殖项目"AquaStorm"。这也是继"the egg""Marine Donut"等深海渔场项目后又一科研大作。美威公司表示将为此项目投资 31 亿挪威克朗（约 3.6 亿美元），并拟向挪威渔业部申请 36 张"发展许可证"，产量总计 28 080 t。综上，挪威等国外先进的深远海养殖设施令人振奋，值得期待，以"海洋渔场 1 号"为代表的深远海网箱养殖业前景广阔。

二、国内网箱发展概况

我国是世界上唯一的养殖产量超过捕捞产量的国家（2018 年中国水产品总产量 6 457.66 万 t，比上年增长 0.19%，其中，养殖水产品产量 4 991.06 万 t，占总产量的 77.29%，同比增长 1.73%；而捕捞水产品产量 1 466.60 万 t，占总产量的 22.71%，同比降低 4.73%），但我国水产养殖仍处于初级阶段。2018 年我国海水鱼类养殖产量仅占海水养殖产量的 7.36%、海水网箱养殖产量仅占海水养殖产量的 3.69%，这与我国网箱养殖业的应有地位显然不相称，因此国内网箱养殖业任重道远。为便于划分我国网箱的不同发展阶段，下面以网箱发展第一阶段、网箱发展第二阶段来介绍我国网箱的发展概况。

（一）网箱发展第一阶段

我国网箱主要包括普通网箱、深水网箱和深远海网箱等养殖模式，其中，养殖产量按

普通网箱、深水网箱和深远海网箱顺序依次递减。一般来说，深远海网箱是养殖容量较大、具有较强抗风浪流性能的先进海上养殖设施，我国应大力发展网箱养殖业，尤其是深远海网箱养殖业，以助力绿色水产养殖发展战略。我国深远海网箱养殖经过了从无到有的漫长发展历程，2016 年前我国深远海网箱养殖工作处于起步阶段。基于前期研究与研讨会专家委员意见、产业发展情况等综合因素，为便于叙述，编者将这个时期视为我国网箱发展第一阶段，相关代表性工作有特力夫深海网箱、大型增强型 HDPE 框架圆形网箱、可组装式深远海潟湖金属网箱等，这为我国发展深远海养殖提供了技术支持与储备。针对上述网箱发展阶段，行业内也有专家学者称之为"网箱发展初始阶段""深远海网箱 1.0 时代"（编者注：上述学术观点有一定的科学性，仅供读者等参考）。

从网箱区域划分来看，普通网箱主要分布在 10 m 水深左右的港湾海区，对港湾与滩涂的利用率较高、对浅海的利用率较低。普通网箱养殖品种主要有鲈、鲥、大黄鱼、军曹鱼、鲕、鲷、美国红鱼、河豚、石斑鱼、鲽等。普通网箱鱼种主要来自天然鱼苗和人工繁殖培育，饵料多以低值小杂鱼为主，辅以配合饲料。我国普通网箱从南海到黄渤海均有分布，且数量巨大。

在福建宁德等地，大部分普通网箱采用木质框架结构（木板＋白色泡沫浮球）；在养殖过程中，白色泡沫浮球会因老化、挤压或浪流冲刷等原因而破碎入海，造成海上白色垃圾，导致养殖海区环境呈现出脏乱差现象，这影响了海洋生态文明建设的实施。普通网箱养殖业白色垃圾对养殖海区环境的影响及其可持续发展问题受到越来越多的关注。为避免上述白色垃圾，近年来人们发明了护栏型养鱼塑胶渔排、鲍（参）塑胶渔排和板式塑胶渔排等形式多样的塑胶渔排，取得了较好的环保效果（图 1-3）。相关生产实践证明，护栏型塑胶渔排、管式鲍（参）渔排等塑胶鱼排的整体抗风浪性能较好，可在一些符合使用条件的海域推广应用；但现有养殖生产中某些企业生产的部分板式塑胶渔排（由塑胶浮筒、走道板与连接件等加工的渔业设施）的整体抗台风性能有待提高。所谓塑胶渔排是指以塑胶材料制作浮式框架（通常以网格状布设于水面），主要用于水产养殖等活动的渔业设施。以 HDPE 管材、支架、立柱和扶手管等制作浮式框架，并在框架上装配走道板与箱体的塑胶渔排称为护栏型塑胶渔排。护栏型塑胶渔排一般用于鱼类养殖生产，且经过多年的实践检验，该类塑胶渔排技术成熟、抗风浪流能力强，具备制定行业标准条件。为适应水产养殖业的发展需求等，东海所石建高研究员牵头制定了《塑胶渔排通用技术要求》行业标准，以规范整个行业的塑胶渔排通用技术、助推水产养殖的绿色发展。扶手管、立柱和支架等部件构成护栏型塑胶渔排的护栏（结构）。护栏既可张挂（鱼类）防跳网或防逃网，又可供人员临时扶靠等。与普通网箱相比，护栏型塑胶渔排具有环境友好、抗风浪能力强和养成鱼类品质好等明显优点，它为普通网箱升级改造、水产蛋白质的供给、渔民转产转业等做出了贡献，福建宁德等地纷纷从政策、资金和资源方面支持人们从事塑胶渔排养殖业。因此，通过护栏型塑胶渔排来升级改造普通网箱对推动水产养殖绿色发展具有重要意义。福建省宁德市等地近年来实施重点港湾海域整治与养殖设施升级改造工程，发布实施了《休闲渔排建造技术规范》《福建省设施渔业项目建设技术要求》《宁德市人民政府关于印发宁德市海上渔排藻类养殖设施升级改造实施方案（试行）》《海上养殖设施升级改造项目产品质量控制及验收指导意见》《福建省海洋与渔业调整专项资金管理办法》《现代产业园区（基地）创建规范》等系列文件。上述文件的发布进一步推动了塑胶渔排产业的发展。大力发展塑胶渔排对于升级普通网箱、建设蓝色粮仓、发展蓝色海洋经济、保护和合理开发海洋渔业资源、促进农牧民转产转业与农民增产增收、调整渔业产业与食用蛋白质结构、提升渔业装备技术水平等意义重大。普通网箱一般只能抵御 3 m 以下波高的海浪侵袭，一旦遇强风暴袭击便损失惨重。由于海况、养殖技术及养殖成本等原因，与普通网箱相比，我国放置在离岸数海里外有较大水流或海浪的开放性水域的网箱数量较少，这说明开放性水域还未充分利用。为推动海水普通网箱的标准化，东海所石建高研究员所在团队主持或参加了《海水普通网箱通用技术要求》《网箱养殖浮筒通用技术要求》《塑胶渔排通用技术要求》《浮绳式网箱》等普通网箱标准的制定工作，助力了我国普通网箱的标准化和标准理论体系建设。

1998 年夏季海南省临高县首先从挪威引进圆形双浮管重力式网箱，到 2000 年底广东、福建、浙江、山东等省又相继引进同类型网箱，2001 年浙江省嵊泗县从美国引进了 Ocean Spar 公司的刚性双锥型网箱（飞碟型网箱），2002 年我国从日本引进了金属框架的升降式网箱，然而国外引进的网箱价格高，导致其难以在我国大面积推广使用。2000 年起，科学技术部、农业部以及有关省市企业将深水网箱养殖设施研究列入各类研究计划，助力了我国深水网箱技术的国产化研究。通过 10 多年的网箱创新研发示范应用，中国水产科学研究院下属单位（包括海区研究所、流域研究所、专业研究所、增殖实验站等）、中山大学、大连理工大学、中国海洋大学、浙江海洋大学、海南大学、省市地方高校院所、网箱企业等已开发出多种具有我国特色的深水网箱。因国产深水网箱价格低于国外同类产品，所以它们在我国迅速得到推广应用。2000 年以来，东海所石建高研究员团队联合相关单位主持或参加了《网箱　聚乙烯浮架》《网箱　网衣与纲索》《高密度聚乙烯浮式深水网箱》《浮式金属框架网箱通用技术要求》《养殖网箱浮架　高密度聚乙烯管》《高密度聚乙烯框架深水网箱通用技术要求》《深水网箱通用技术要求　第 1 部分：框架系统》等网箱标准的制修订工作，助力了我国深水网箱的标准化和标准理论体系建设。目前南风王科技、屿点科技等生产的网箱或网箱专用管材除国内养殖使用外，还大量出口到国外。从 2009 年开始，东海所联合国际铜业协会开展了重大国际合作项目铜网箱海水养殖项目（东海所石建高研究员任项目工作组组长），引领了铜合金网衣在我国增养殖设施领域（如网箱、养殖围栏等）的产业化应用。2018 年以来，福建省启动了普通网箱升级改造项目，将传统木质鱼排升级改造为深水网箱，南风王科技、屿点科技等多家网箱建造单位均参加了项目建设。如屿点科技联合东海所石建高团队开发出配有走道板的抗风浪深水网箱——护栏型塑胶渔排［主浮管管径为 400 mm，图 1 - 3 中的（b）］；上述工作助力了我国宁德地区传统木质鱼排的升级改造，提高了养殖设施的抗风浪性能与安全性。2009 年至 2016 年南风王科技联合东海所石建高团队等团队或单位率先开发出联体加强型抗风浪深水网箱、特种三脚架以及金属网加强 HDPE 管、（超）大型深水网箱用 1 m 直径的 HDPE 管及其配套堵头等。上述工作助力了我国网箱向离岸、深远海、大型化和智能化方向发展，推进了深蓝渔业发展。

(a) 传统深水网箱　　　　　　　　　　　　　(b) 护栏型塑胶渔排

图 1-3　传统深水网箱与护栏型塑胶渔排

我国的深远海养殖探索虽然落后于挪威等国家，但 2013—2016 年发展势头良好。为实现深远海网箱养殖梦，从 2011 年开始，在"三沙美济礁悬吊升降式网箱设计""远海组合型升降式金属网箱""三沙美济深远海装备的研发及产业化应用"等项目的持续支持下，东海所石建高团队联合三沙美济渔业开发有限公司（以下简称美济渔业）等单位率先开展了可组装式深远海潟湖金属网箱设施的研发与产业化养殖应用，成功开发出我国第一个商业化的可组装式深远海潟湖金属网箱，成功用于人工捕捞金枪鱼苗驯化观察试验与规模化养殖生产（图 1-4）。目前可组装式深远海潟湖金属网箱已实现大规模产业化应用，可用于尖吻鲈、黄条鰤、老鼠斑等深远海岛礁鱼类养殖。可组装式深远海潟湖金属网箱项目实施地点位于南海美济礁，距离海口 700 多 n mile（普通渔船一般需 4 个昼夜才能到达该养殖区），它是我国第一个产业化的深远海金属网箱养殖项目、第一个由企业立项支持的深远海金属网箱养殖项目。可组装式深远海潟湖金属网箱项目由石建高、孟祥君、黄六一等共同主持设计完成，相关金属网箱设施拥有完全自主知识产权，它既是我国第一个用于人工捕捞金枪鱼苗驯化观察试验的金属网箱项目，又是第一个拥有发明专利授权且实现产业化养殖应用的深远海金属网箱养殖项目，在我国深远海网箱发展史上具有里程碑意义。

图 1-4　可组装式深远海潟湖金属网箱

2012 年东海所石建高团队联合山东爱地高分子材料有限公司等设计开发了周长 200 m 特力夫超大型深海养殖网箱，并在福建海区成功安装与下海试验；项目首次实现特种 UHMWPE 纤维——特力夫纤维在我国超大型深海养殖网箱上的创新应用（图 1-5），项目实现了深海养殖网箱的大型化与轻量化，助推了深远海养殖网箱的蓝色革命。

图 1-5 超大型深海养殖网箱实景

2014 年，农业部联合中国水产科学研究院及相关企业启动了"深远海大型养殖平台"的构建，标志着我国深海养殖平台项目进入实质性推进阶段。该"深远海大型养殖平台"拟由 10 万 t 级阿芙拉型油船改装而成，不仅能够提供养殖水体近 8 万 m³，满足 3 000 m 水深以内的海上养殖，并具备在 12 级台风下安全生产、移动躲避超强台风等优越功能，这为深远海大型养殖平台的发展提供了技术支持与储备。

2015 年以来，在渔业装备与工程的合作研发项目的支持下，东海所石建高课题组联合台州广源渔业有限公司（以下简称广源渔业）等多家单位进行跨界合作，成功设计出一种养殖工船，其养殖舱室分布如图 1-6 所示，这为我国深远海养殖工船的发展提供了技术支持与储备。

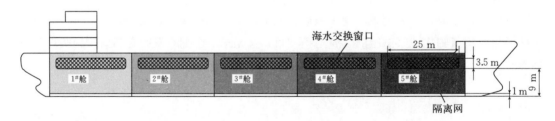

图 1-6 一种养殖工船

2016 年，东海所石建高团队为美济渔业设计开发了周长 158 m 的深远海浮绳式网箱，该网箱采用特种超高强度绳网材料与装配结构，成功用于人工捕捞金枪鱼苗养殖试验生产等，项目实现国内首个深远海金枪鱼养殖浮绳式网箱设施零的突破，在我国金枪鱼人工养殖史上具有里程碑意义（图 1-7）。

2016 年，东海所石建高研究员联合温州丰和海洋开发有限公司（以下简称温州丰和）率先开发出周长 240 m 超大型浮绳式网箱，用于深远海大型养殖围栏中的大黄鱼暂养转

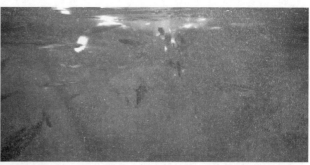

图1-7　深远海浮绳式网箱及其养殖金枪鱼苗

运。2016年，南风王科技联合东海所石建高团队设计制作了一种可用于深远海养殖的特种"工"字形架新型网箱——联体增强型"工"字形架网箱（实现立柱与支架的一体化），相关网箱的抗风浪能力好，产品在国内应用的同时，已经量产并出口到埃及等国家（图1-8）。

图1-8　联体增强型"工"字形架网箱

上述时期内我国院所、高校、企业、协会、合作社、民间团队、个体户等还开发了形式多样的水产养殖网箱，他们为我国深远海网箱的发展做出了巨大贡献，限于篇幅，这里不做更多介绍，有兴趣的读者可参考相关文献资料（如微信公众号、公司网站、媒体报道等）。

（二）网箱发展第二阶段

2017年6月武船重工为挪威客户建成"海洋渔场1号"（图1-1），随后我国兴起了深远海网箱研发、设计、开发、建造、养殖试验或应用示范等的热潮，这明显标志着我国水产养殖网箱从此跨入了新的阶段。基于前期研究与研讨会委员意见、产业发展情况等综合因素，为方便叙述，编者将这个时期视为我国深远海网箱发展第二阶段——深远海网箱2.0时代（上述观点仅供读者等参考）。2017年以来，我国各级政府管理部门、海工企业、养殖企业、行业协会等加大了对深远海养殖业的支持力度，创制了一批优秀的水产养殖网箱设计（其中一部分设计已完成设计、建造和养殖应用，其他设计目前正在优化或建造中），我国深远海养殖业跨入2.0时代。在深远海网箱2.0时代，武船重工、中集蓝、振华重工、天津海王星工程技术股份有限公司等自主研制建造或联合院所校企等单位研制建造了形式多样的水产养殖网箱（如深蓝1号、德海1号、长鲸一号、振渔1号、蓝鑫号、DH1深海养殖网箱等），引领我国水产养殖网箱的绿色发展和现代化建设。2018年10月全国海洋牧场建设工作现场会在山东烟台举行，这是首次以海洋牧场为主题召开的全国性现场交流会。农业农村部部长韩长赋说，我国将重点推进"一带多区"（近海和黄渤海区、东海区、南海区）海洋牧场建设，到2025年，在全国创建178个国家级海洋牧场示范区。到2035年，基本实现海洋渔业现代化。我国海洋牧场中建成、在建或规划的深远海网箱的设计和建造一般由海工企业承接，其设计核心套用了许多海洋油气钻井平台使用的技术等。下面根据媒体资料（包括新闻报道、宣传视频、报刊信息等），将深远海网箱2.0时代的代表性深远海网箱设施简介如

图1-9　"深蓝1号"全潜式深海渔场

下，供读者参考（特别需要声明的是，相关图片知识产权属于网箱设施建设单位或新闻媒体等，读者如需转载务必与相关单位联系沟通）。武船重工建造的"深蓝1号"全潜式深海渔场于2018年5月交付山东日照市万泽丰渔业有限公司使用（图1-9）。"深蓝1号"拥有养殖水体5万m³，一次可养育三文鱼30万尾，实现产量1 500 t。"深蓝1号"安装在日照市以东150 km的黄海海域，以冷水团进行三文鱼养殖生产；其潜水深度可在4～50 m，依据水温控制渔场升降，可使鱼群生活在适宜的温度层。

　　2018年9月2日，由南海水产研究所与天津德赛海洋船舶工程技术有限公司共同研制的我国第一艘半潜船形桁架浮体混合结构万吨级"德海1号"智能化养殖渔场顺利投放至珠海万山枕箱岛外海域，并交付给珠海市新平茂渔业有限公司开展养殖试验（图1-10）。按计划，"德海1号"已于2018年11月出产第一批鱼品。"德海1号"是"德海智能化养殖渔场"系列技术产品的其中一款，总长度91.3 m，宽度27.6 m，设置3+1

图1-10　"德海1号"渔场

养殖区，养殖水体可达3万m³；配备智能化投喂养殖专家系统、自动投饵机、监控监测系统、风光互补能源系统、海水制淡系统、起网机、水下洗网机和高弹性锚泊系统；设有养殖区、生活区、储藏区、控制区等多个功能区，适应20～100 m水深海域区间养殖，可实现一体化管理及无人驻守养殖。"德海1号"渔场是按照台风17级、浪高9 m的生存海况设计制造，使用年限可达20年以上。该渔场具有经济性、实用性、耐用性、易维护等特点，采用的关键技术包括适应极端海洋环境条件的渔场结构安全与系泊技术、渔场多功能模块化构建与升降控制技术、基于渔场养殖各要素的一体化智能管控技术。与目前国外先进养殖"渔场"同级智能化养殖技术装备配置相比，"德海1号"渔场性价比优势明显，每立方米养殖水体造价控制在500～700元，渔场优质鱼品年产量可达480 t，推广应用前

景广阔。"德海智能化养殖渔场"的研制与实践是我国渔业转方式调结构的一种重要物质装备基础，是我国海水养殖生产方式从传统向现代、从港湾向深远海养殖的一次变革，从而使构建我国广阔海洋时空分布的优质蛋白质生产新模式成为现实。随着我国深远海养殖产业的快速发展，"德海智能化养殖渔场"将助力并可满足水产养殖业开展深远海养殖对技术装备产品的需求，让众多企业共同参与构建海洋生态文明。

2019 年 4 月 20 日，由福建省船舶工业集团有限公司权属企业福建省福船海洋工程技术研究院有限公司研制、福建福宁船舶重工有限公司建造的中国首制智能环保型鲍鱼养殖平台"福鲍 1 号"正式下水（图 1-11）。该鲍鱼养殖平台具备 72 个钢制养殖框，可容纳 12 960 屉鲍鱼，设有水质检测系统和视频监控系

图 1-11　智能环保型鲍鱼养殖平台

统，可通过传感器对水质、盐度、pH 和溶解氧进行检测和数据传输，以及通过无线图像传输系统实现远程视频监控，传输距离至少 5 km，已经交付福建中新永丰实业有限公司使用。"福鲍 1 号"的顺利下水标志着鲍鱼养殖业也将进入一个新时代。

2019 年 4 月 25 日，中集来福士海洋工程有限公司（以下简称中集来福士）为长岛弘祥海珍品有限责任公司（以下简称长岛弘祥）设计建造的智能网箱"长鲸一号"在烟台基地交付。这是目前国内首座深远海智能化坐底式网箱（图 1-12），已被拖往长岛海洋生态文明综合试验区大钦岛附近渤海海域，稳稳地"坐"在海床上，成为山东省深远海智能渔业养殖和海上休闲旅游的新"地标"。"长鲸一号"是中集来福士在深远

图 1-12　深远海智能化坐底式网箱

海渔业养殖装备领域的首要力作，采用坐底式四边形钢结构形式，箱体尺寸 66 m×66 m，最大设计吃水 30.5 m，养殖容积 60 000 m³，意味着每年能养 1 000 t 鱼，设计使用寿命 10 年，是国内首个通过美国船级社检验和我国渔业船舶检验局检验的网箱。作为目前国内智能化程度较高的网箱，"长鲸一号"集成了网衣自动提升、自动投饵、水下监测、网衣清洗、成鱼回收等自动化装备，日常仅需 4 名工人即可完成全部操作，最大限度地保证网箱的安全性和经济性。其中，水动力自动投饵系统由中集蓝独立研发，拥有 100% 自主知识产权，能够实现系统定时、定量、高效自动控制，对投喂数据进行设置、存储，并可根据客户需求进行数据分析，计算出最佳投喂模式。数据化也在"长鲸一号"上充分应用，网箱搭载了大数据科学监测设备，传感器、水下摄像头等设备能够把水质、水文等监测数据

和鱼类活动视频等信息及时地传输到网箱上的控制中心，并同步到中集蓝的后台信息化数据中心，真正做到深远海养殖生态化、自动化、信息化和智能化。除智能养殖功能外，网箱还兼具休闲旅游的功能。网箱上方建筑采用别墅设计，周边走道采用加宽设计，生活区内装饰采用高标准"中国风"装修风格，可同时满足30人休闲垂钓和观光旅游需求，给客户以舒适的度假体验。"长鲸一号"是中集来福士通过自主创新、进行新旧动能转换的成果，也是山东省和烟台市大力建设蓝色海洋经济的成效。中集来福士是国内领先的海洋工程总承包（EPC）总包商，在新旧动能转换的浪潮中，积极进行"油转渔"，首创了多功能海洋牧场平台，引领了全国第六次海洋渔业浪潮。随着"长鲸一号"的交付，中集蓝将会陆续投用不同结构形式（方形、船形、多边形）、不同固定方式（坐底式、浮式、半潜式）、不同功能分类（鱼类、海珍品、养殖＋休闲）的系列网箱。目前，中集来福士正在设计建造由3座不同功能网箱集成的"耕海1号"智能网箱、专门养殖鲍鱼的南隍城海珍品网箱，以及包含6座网箱的目前全球最大的深水养殖工船。长岛弘祥是国家级海洋牧场示范区，公司致力于发展休闲和渔业养殖产业链优化组合。此前，中集来福士已向长岛弘祥交付数座海洋牧场平台，"长鲸一号"投入使用后将形成"牧场生态养护＋渔业智能养殖＋海洋休闲旅游"的发展模式，助力现代化的海洋牧场和"海上粮仓"建设，为烟台市乃至山东省的海洋牧场建设起到示范效应。中集蓝总经理郭福元表示："'长鲸一号'的交付意味着烟台地区海洋养殖向深远海走出了第一步。我们将持续创新，深耕细作，助力烟台市打造'海洋牧场示范之城'和'海洋旅游品牌之城'，助力山东省乃至全国'海上粮仓'建设。"值得注意的是，深远海智能化网箱能够为用户带来丰厚的经济利益。

　　2018年9月，由振华重工自主研制的"振渔1号"深远海大黄鱼养殖装备在启东海洋工程股份有限公司顺利合拢。该装备总长60 m、型宽30 m、型深3 m，养殖水体1.3万 m^3，由结构浮体、养殖网箱、旋转机构三个主要部分组成，包括牵引绞车、发电机、风力发电机、蓄电池组、自动化控制系统等主要设备，预计年产优质商品海水鱼120 t。结构浮体为整个装备提供浮力，使装备浮于水上。养殖网箱通过旋转机构安装在结构浮体上，并可绕轴做360°旋转。养殖网箱箱内安装渔网，其内形成封闭的养殖空间。养殖网箱浸入水中的部分为鱼类活动区域，网箱上部为露出水面网衣部分，通过日晒、风干等过程去除网箱上附着的海生物。养殖网箱通过旋转，定期将水下部分转动出水，实现对水下渔网的清洁。该装备的成功研制将传统的人工清除网衣附着物模式变为机械清除网衣附着物模式，大大降低养殖人员的工作强度，提高工作效率。2019年，该装备在振华重工进行了手动运行、自动运行等一系列工厂验收测试，满足了用户的功能要求并顺利完成工厂验收。2019年5月，"振渔1号"深远海大黄鱼网箱养殖平台在福建连江正式投产（图1-13）。"振渔1号"为振华

图1-13　深远海大黄鱼养殖装备

重工研制的第一期产品。"振渔1号"解决了传统养殖模式抗风浪能力差的缺点，可将现有近海养殖区域扩展到深远海，响应国家倡导的沿海环境保护政策；通过机械化手段，有效降低养殖人员工作强度，提高养殖效率，增大养殖产量；设有自动监测的先进功能，平台实时影像、海水水质监测情况所有数据可通过电信通信卡无线传输到养殖户手机终端上，只要下载一个手机APP，就能轻松掌握整个平台的所有监测情况，实现"一机在手，一目了然"的智慧养殖模式；具有专利的电动旋转鱼笼设计，攻克了长期困扰海上养殖业的海上附着物难题；充分考虑海上丰富的风力资源，引入风力发电系统，为海水鱼养殖提供了绿色动力，节能环保，基本实现平台电源的自给自足。

2019年6月8日，蓬莱中柏京鲁船业有限公司（以下简称京鲁船业）为长岛佳益海珍品发展有限公司建造的"佳益178"半潜式大型智能网箱平台顺利交付（图1-14）。该网箱平台是京鲁船业建造的第一套大型海洋渔业装备，极大地扩展了京鲁船业的产品线。它主要用于海上养殖、海上观光、海上垂钓休闲

图1-14　"佳益178"半潜式大型智能网箱平台

等领域，采用了多项国内领先的设计理念：①鱼类智能饲养系统，通过大数据方式实时提供最佳鱼类饲养方案并自动执行；②水下生态监控系统，通过对鱼类生长环境进行实时监测、分析，提供鱼类最佳喂养方案及活动途径；③水下鱼类活动监控系统，通过各子系统实现鱼类水下活动监控，自动投喂，并通过声光信号诱导鱼类活动；④通过鱼类常见疾病监测系统，实现病鱼自动诱捕、鱼病自动预警等；⑤采用云数据方式，可将鱼类生长、生存状况实时传递至饲养中心总部和工作人员手机APP中。

2019年6月7日，哨兵号无人智能可升降试验养殖平台顺利装船，并于10日到达威海北部北黄海冷水团（以下简称"北冷水团"）目标海域。截至2019年6月14日，该海洋牧场平台试验项目的海上运输、安装作业和鱼苗投放顺利完成，至此，国内首座北冷水团养殖平台顺利完工并正式启用（图1-15）。该项目是威海海恩蓝海水产养殖有限公司（以下简称威海海恩蓝海）立项拟建的北冷水团大西洋鲑养殖项目中的一个先导性养殖试验项目，由牧场开发总包服务公司浙江舟山海王星蓝海开发有限公司（以下简称舟山海王星）负责设施投资、总体设计、养殖模块设计和工程管理，由威海海恩蓝海负责设施建造的材料和设备、养殖试验的鱼料等采购、养殖试验，由天津海王星海上工程技术股份有限公司负责工程设计、建造及安装。北冷水团深远海养殖项目为国家现代渔业发展方向的重点支持项目，威海海恩蓝海已获得了威海市政府和海洋渔业发展管理部门在近岸海域确权、油补转移支付等方面的支持。同时，舟山海王星在牧场设施研发方面也得到了舟山市海洋经济创新示范城市项目的支持。先导性养殖试验为近岸暂养网箱（6万 m³）和冷水团早期养殖网箱（8万 m³）总结养殖经验、编制养殖工艺提供依据。活鱼运输车码头先卸鱼至活水船（活鱼仓），保证鱼苗暂住水体的低温条件；由活水船运送到网箱后卸鱼

［需用船载吸鱼泵卸鱼，泵送至网箱内，运输时保证了活水船内和网箱温度统一，用循环泵循环控温。自动投喂、增氧、灯照系统均测试正常，鱼食选用欧洲进口水产养殖管理委员会（ASC）认证的高营养配食，100％不含转基因成分，并且养殖过程禁止抗生素等药品的使用］；转运后，鱼苗也很快适应了冷水团的新环境，并且已经会自主上游到水下水面去补气，开始结伴群游，游行姿态自然、健康。哨兵号的建成对现代渔业进步和北冷水团水产开发落地的意义重大，不仅突破重大海洋关键技术，拓展海洋战略空间，实现渔业增产增收，还为乡村振兴战略做出贡献。渔业是威海传统优势产业，该项目代表了海洋水产转型升级的新方向。海洋牧场北冷水团建成之后，预计产出三文鱼2万t，产值12.5亿元以上。目前，世界上三文鱼产出最大的两个国家分别为挪威和智利。但是挪威北大西洋和智利南太平洋的养殖地离北美、东亚和西欧等主要市场较远。进口三文鱼到中国需经空运、陆运才能被送上人们的餐桌，捕捞到餐桌的时间一般会超过4d。此次项目试验成功可以把时间至少缩短一半，鲜美程度的提高可想而知，不仅提高了食品安全，也丰富了食客的餐桌。

图1-15 哨兵号无人智能可升降试验养殖平台

深远海养殖用电问题一直是行业发展的制约因素之一。2019年6月30日，由中国科学研究院广州能源研究所、招商局工业集团有限公司合作建造的全国首座"澎湖号"半潜式波浪能养殖网箱（以下简称"澎湖号"网箱）在招商工业深圳孖洲岛基地举行交付仪式（图1-16）。作为全国首座深远海波浪能养殖网箱，"澎湖号"的"两结合"特点成为其最大优势，即波

图1-16 "澎湖号"半潜式波浪能养殖网箱

浪能发电结合太阳能发电，实现能源自给自足；绿色养殖结合旅游观光，拓宽利润增收渠道。"澎湖号"网箱长66m、宽28m、高16m，工作吃水11.3m，可提供1万m³养殖水体，具备20余人居住空间、300m³仓储空间、120kW海洋能供电能力。"澎湖号"网箱平台搭载了自动投饵、鱼群监控、水体监测、活鱼传输和制冰等现代渔业装备，

可实现智能化养殖。不仅如此，"澎湖号"网箱的半潜船形和方形的围网设计也为维修提供了便利，如网箱平台红色养殖部分在作业时下潜在水中，需要拖航、检修、保养、网箱清理和消毒等工作时，则可以上浮起来，方便工作。同时，该平台提供的 20 余人居住空间也为发展旅游提供了保证，平台集波浪能发电和太阳能发电于一体，可以达到能源供给的自给自足。

2019 年 6 月，由福建福宁船舶重工有限公司建造的中国首制智能环保型鲍鱼养殖平台"福鲍 1 号"正式建成，已运抵"振鲍 1 号"临近海域安装使用（图 1-17）。"福鲍 1 号"是国内最大的深远海鲍鱼养殖平台，平台主要由甲板箱体结构、底部管结构、浮体结构、立柱结构、养殖网箱、机械提升装置六大部分组成，为钢质全焊接结构，总造价超过 1 000 万元。"福鲍 1 号"长 37.3 m、宽 33.3 m，设计吃水深度 6.6 m，重约 1 000 t，总面积达 1 228.4 m²。与 2018 年 10 月在连江东洛岛附近海域正式启用的全球首个深远海鲍鱼养殖平台"振鲍 1 号"相比，"福鲍 1 号"养殖容量是"振鲍 1 号"的 3 倍。"福鲍 1 号"可抵御 12 级以上台风侵袭，适用于水深 17 m 以上、离岸距离不超过 10 n mile 的海域作业，预计年产鲍鱼 40 t。"福鲍 1 号"拥有 72 个钢制鲍鱼养殖框和 1.5 万个白色养殖笼，可容纳 12 960 屉鲍鱼，虽然与"振鲍 1 号"造价相差不大，但是"福鲍 1 号"面积比"振鲍 1 号"大了 2 倍，更利于规模化养殖。同时与"振鲍 1 号"一样，"福鲍 1 号"平台上也配备了风光发电、水质监测、视频监控、数据无线传输、增氧装置等先进设备，这使其适合深远海规模化养殖。"福鲍 1 号"的电力主要依赖先进的风力发电，可以给船上的监控提供 24 h 的不间断电源。船上的水质监测系统可以监测海水的 pH、电导率、溶解氧，监测数据可以实时传输至岸上，实现无线传输，传输距离不小于 5 km。在溶解氧数据低于或高于设定参数时会进行报警，届时船上增氧装置将启动，给养殖框里面的海水进行增氧。

图 1-17　"福鲍 1 号"深远海鲍鱼养殖平台

2017 年 9 月，在第七届宁德世界地质公园文化旅游节招商推介会暨项目签约仪式上，福建省船舶工业集团有限公司旗下企业和荷兰迪玛仕（De Maas SMC）设计公司共同签订国内首座单柱半潜式深海渔场项目合同；2019 年福建省马尾造船股份有限公司为福鼎市城市建设投资有限公司承建的单柱半潜式深海渔场举行上台仪式。"海峡 1 号"单柱半潜式深海渔场直径约 140 m，渔场型深 12 m，养殖水域水深大于 45 m，有效养殖水体容积达 15 万 m³，可养殖大黄鱼约 2 000 t，配置天然防海生物网衣和水下监测系统，采用太阳能光伏供电（图 1-18）。该项目总投资 1 亿元，已落地于福鼎台山岛附近海域，承租给福建福鼎海鸥水产股份有限公司进行大黄鱼养殖运营。不同于其他深海渔场的设计，迪玛仕的设计是在考虑保证容积的条件下，尽可能降低重量、减少钢材用量。迪玛仕创始人兼总经理 Phillip Schreven 称："我们设计的深海渔场可潜入海平面下，在海洋风暴最强的时刻规避'浪差'。如果暴露在海面，渔场结构必须十分稳定，必须足够重，才能承受

图 1-18　"海峡 1 号"单柱半潜式深海渔场

巨大的风吹和浪打；但降至 2～3 倍浪高以下的水面，渔场就不怎么受海浪的影响。"半潜式深海渔场在中轴处设计了直径 70 m 的浮床，通过进水和排水调节渔场升降。在有风暴的情况下，渔场主体下潜至水面下，可抵御 17 级台风，适合在我国东海、南海海域进行大宗鱼类、高附加值鱼类的离岸深远海养殖，经济效益可观、投资回报高。天津市渔网制造有限公司为我国老牌渔网生产企业，长期与东海所石建高团队开展合作交流，单柱半潜式深海渔场项目中的 MW906-1UHMWPE 顶网网衣项目由天津市渔网制造有限公司承担，网衣部分已于 2019 年 12 月完成安装，该项目推动了我国的高性能网衣的技术升级。经过全体人员的共同努力，"海峡 1 号"单柱半潜式深海渔场于 2020 年 5 月顺利浮卸下水（图 1-18）。

"耕海 1 号"海洋牧场综合平台（图 1-19）是中集来福士为山东海洋集团有限公司量身定制的智能化网箱，用更智能、更生态的方式，激发海洋养殖活力，提升效益，将为海洋渔业发展起到示范和引领作用，也给烟台增加一张新名片。2018 年 8 月，山东海洋集团有限公司与中集来福士在烟台南隍城举行"耕海 1 号"海洋牧场综合平台建造合同暨海珍品养殖网箱合作框架协议签字仪式。"耕海 1 号"海洋牧场综合平台为坐底式网箱，由 3 个直径 40 m 的大型网箱

图 1-19　"耕海 1 号"海洋牧场综合平台

组合而成，总体积 2.7 万 m³。3 个网箱中设有面积 600 m² 的中心平台，采用太阳能和柴油机发电器作为电力来源，配备多种自动化系统。"耕海 1 号"海洋牧场综合平台由山东海洋集团有限公司投资，与中集来福士共同研发设计，中集来福士负责建造，该平台将智能化渔业养殖、休闲垂钓运动和海洋文化旅游有机融合，创造出了海洋产业"新业态"。海珍品养殖网箱也是创新型设计，填补了我国在海珍品立体化养殖装备上的空白，引领了海洋渔业装备的发展方向。2020 年 5 月 25 日下午，中集来福士建造的"耕海 1 号"海洋

牧场综合平台项目顺利交付；交付后，"耕海1号"入驻烟台莱山，安置地点位于渔人码头外侧、距离海岸线2 n mile海域（图1-19）。

江苏金枪网业有限公司（简称以下金枪网业）是国内外知名的网箱（网衣）供应商，长期与东海所石建高团队、荷兰DSM公司等著名院所企业合作，为国内外客户提供各类渔业装备与工程技术服务。如2018年至今，金枪网业联合相关单位开展了DH1深海养殖网箱的研制与应用［图1-20，特别需要声明的是，本书介绍的DH1深海养殖网箱资料（包括图片和数据）为金枪网业提供，金枪网业拥有相关知识产权，读者如需采用或转载，请注明来源于金枪网业］。DH1深海养殖网箱（亦称全潜式深远海大黄鱼养殖平台"嵊海一号"）属于试验性大黄鱼养殖网箱，箱体为全钢制六棱柱结构，长约116 m、高约22 m、对角线长度达38 m，既可以全潜，也可以半潜，它属于深海、抗台风、抗寒（冷天气）的智能化悬停式经济型养殖试验性网箱。DH1深海养殖网箱总养殖水体1万 m^3，装备智慧深海养殖保障系统，具备科技含量高、抗风浪能力强的特点；它可养殖大黄鱼10万尾，预计年产值可达500万元。

图1-20　DH1深海养殖网箱

DH1深海养殖网箱网衣由金枪网业联合相关单位设计、生产与安装，网衣分为内外两层，内外网衣及其配套纲绳与绑扎线全部采用荷兰DSM公司生产的Dyneema® SK-78材料。相比DSM公司的Trveo®品牌纤维及其他品牌纤维，Dyneema® SK-78材料不但强力更高，而且蠕变性能更好，在温度20 ℃情况下，它的蠕变性高达15年。通过该项目实施，Dyneema® SK-78材料在国内率先在深远海网箱上创新应用，标志着我国网箱网衣水平达到国际先进水平（"海洋1号"深海渔场也采用同样材质的网衣材料，图1-1）。DH1深海养殖网箱内网衣为养殖网衣、外网衣为滞流防护网衣（用于挡流、防鲨等）。网衣涂层工艺不同于国内使用的胶水处理（该工艺只是增加纤维抱合性能，既不能抑制微生物生长，又不耐多次清洗）与防污处理（根据不同防污剂量与工艺，网衣在海水中使用3～9个月，然后把网衣从网箱拆下来，拿到岸上敲打、清洗，污损生物处理干净后再次进行防污涂层处理，费时费工），而是采用特种涂层工艺［采用世界上最新研发的特种涂层材料，不仅能增加纤维抱合性能，还能增加抗磨能力（图1-21），较好地解决了目前大型网箱不易拆卸、网衣不易清洗的难题，适应今后大型网箱产业采用智能机器人清洗网衣的大方向]；整个网衣挂网采用可调节特种装配工艺（如张紧方式等），大大提高了DH1 深海养殖网箱的抗风浪性能与安全性。

正反500次耐磨测试　　　　　　　　　正反10 000次耐磨测试

图 1-21　耐磨测试后的 Dyneema® SK-78 网衣（图片来源：金枪网业）

为开发适合我国深远海养殖用的 DH1 深海养殖网箱网衣，金枪网业联合东海所石建高团队开展了性能分析测试工作，分析结果表明：①与没有涂层处理 Dyneema® SK-78 网衣相比，特种涂层处理后网衣的网目破断强力增加了 14%；②特种涂层处理后网衣的延伸性明显改善。为验证特种涂层处理后 Dyneema® SK-78 网衣的防污性能，金枪网业联合相关单位开展了海上防污试验，东海某海域 12 周的海上防污试验结果表明，特种涂层处理后 Dyneema® SK-78 网衣的防污性能明显优于普通聚乙烯（PE）网衣（图 1-22）。2018 年至今，DH1 深海养殖网箱测试效果良好，期间金枪网业携手网箱用户、东海所石建高团队等持续更新测试结果，为深远海养殖业提供了优质服务。2020 年 6 月，DH1 深海养殖网箱在舟山嵊泗三横山附近海域正式投入养殖应用，首批试养 5 万尾岱衢族大黄鱼。DH1 深海养殖网箱是舟山智能深海养殖建设项目的重要组成部分，后续还将新增深海智能网箱 19 只，并配套深海养殖信息保障系统平台、多用途工作船等设备。综上，金枪网业联合东海所石建高团队、荷兰 DSM 公司等研制的特种涂层 Dyneema® SK-78 网衣强度高、抗蠕变、耐磨、防污、耐老化、抗疲劳，其综合性能优越，是未来深远海养殖网衣的发展方向，其推广应用前景非常广阔。

除此之外，我国科研院所企业等还设计或建造了形式多样的水产养殖网箱设施（图 1-23），助力了我国深远海网箱养殖业的发展。雷霁霖院士表示，构建"深远海大型养殖平台"，无论是内陆水产养殖功能疏解，还是海洋资源的合理开发，都应该上升到国家战略层面给予高度肯定和配以相对应的扶持政策。麦康森院士也是我国深远海养殖的倡导者。麦康森院士表示，未来我国的水产养殖要持续发展，就应该积极开拓深海养殖空间。发展深远海养殖，构建深远海养殖设施系统，可对我国领海海域实施"屯鱼戍边"，实现民间海事存在；除此之外，深远海养殖设施系统还有较好的经济效

Dyneema@SK-78网衣　　　　　　　　　普通PE网衣

图1-22　海上防污试验（图片来源：金枪网业）

益、社会效益，未来它将是我国远洋渔业的有益补充。综上，智能网箱"长鲸一号"等新型养殖设施令业内惊喜，我国水产养殖网箱养殖业前景广阔，但任重道远，这需要政府支持、技术支撑、协同创新、跨界融合与共同努力。目前，我国网箱尚处于网箱发展第二阶段，前景广阔，但任重道远。未来网箱技术成熟，且有大规模（区域集群）的深远海网箱进行建造与产业化生产应用时，我国网箱将跨入网箱发展第三阶段——深远海网箱3.0时代。

图1-23　深远海养殖设施

第五节　水产养殖网箱选型

一、浮式网箱

所谓浮式网箱是指框架浮于水面的网箱。传统浮式网箱无工作（平）台结构、不可潜入水中，或工作（平）台始终位于水面以上。浮式网箱主要包括圆形浮式网箱、方形浮式网箱、浮绳式网箱、牧海型网箱和离岸金枪鱼养殖设施等。

1. 圆形浮式网箱

圆形框架和网衣围成的圆柱状，浮于水面的网箱称为圆形浮式网箱。圆形浮式网箱亦称圆柱体浮式网箱、圆桶形浮式网箱和 HDPE 圆形浮式网箱。HDPE 圆形浮式网箱主要优点：网箱操作、管理和维护过程简单，易于投饵和观察鱼群的摄食情况，适应范围较广；抗风能力为 12 级、抗浪能力为 5 m、抗流能力不小于 1 m/s，其使用寿命可达 10 年以上。HDPE 圆形浮式网箱主要缺点：在海流作用下纤维网衣漂移严重，其容积损失率高；在承受波和流的共同作用时，锚泊系统与水面浮框的连接点处容易损坏。圆形浮式网箱最早由挪威开发和制造，外形为圆柱形。圆形浮式网箱的浮框主要以 HDPE 为材料，多为 2～3 圈塑料管，用以网箱成形和产生浮力。扶手栏杆通过 HDPE 支架与水面浮框相连，作为工作平台供操作人员进行生产作业或维护保养。国内目前使用的圆形浮式网箱周长为 40～160 m，网衣深度则根据海域水深和养殖对象而定（图 1-24）；东海所石建高课题组已联合浙江碧海仙山海产品开发有限公司、湛江经纬网厂等单位从事周长 90 m 深远海抗风浪增强型 HDPE 框架圆形网箱（主浮管管径 400 mm 以上）设计开发、产业化应用（图 1-25）。

图 1-24　圆形浮式网箱

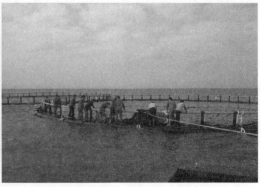

图 1-25　增强型 HDPE 框架圆形网箱

2. 方形浮式网箱

普通浮式网箱（亦称传统近岸浮式网箱）大多数为方形，其周长一般小于 40 m，框架材料多为木板等，一般布设于近岸、港湾或岛屿环抱的水域等。方形浮式网箱一般由方形浮框、走道、箱体、沉子和锚泊系统等构成。近年来，方形塑料渔排、HDPE 框架浮式网箱和金属框架浮式网箱等新型方形浮式网箱逐渐增多，已取代传统木质框架方形浮式网箱。我国目前使用的方形浮式网箱周长通常为 12～100 m，网衣深度则根据海域水深和养殖对象而定。图 1-26 为我国沿海常见的方形浮式网箱。图 1-27 为新型塑胶鱼排。方形浮式网箱主要优点：管理方便、节省养殖空间、船舶停靠方便、主体框架尺寸按需选用、走道宽度按操作习惯设置等。方形浮式网箱存在问题：四边形直角交接部位为应力集中点，容易断裂损坏，这限制了方形网箱的布设水域；网箱框架安装不规则易导致其自身扭曲变形等。

(a)木质框架浮式网箱组合

(b)具有走道板的新型方形网箱

(c)方形金属框架浮式网箱组合

(d)方形HDPE框架网箱组合

图 1-26　方形浮式网箱

在方形浮式网箱中，还有一种框架由金属材料制成的金属框架网箱（亦称金属网箱或框架式金属网箱），最常用的结构为"金属框架＋聚苯乙烯泡沫浮筒"，框架式金属网箱的上框架上还需安装盖网。典型的日产方形框架式金属网箱的基本结构为桁架型（桁架型金

(a)参鲍塑胶鱼排   (b)养鱼塑胶鱼排

图 1-27 参鲍塑胶鱼排与养鱼塑胶鱼排

属框架由上梁管、外梁管和内梁管组合而成，人们习惯称之为"桁架型金属网箱")
(图 1-28)。桁架型金属网箱的上端部即侧网上端部固定在浮架的上框（挂网框）。当桁
架型金属网箱箱体使用锌铝合金网衣或铜锌合金网衣时，箱体有一定的刚性，可承受水流
冲击。框架式金属网箱的锚泊系统采用多个网箱组合定位的形式，可由浮筒、绳索和锚等
组成"井"字形锚泊系统；每个网箱被连接在绳格的中部，系统大而稳定，造价低廉。框
架式金属网箱需要调换时，只需解开连接绳而无须移动锚绳。框架式金属网箱锚泊系统规
模可根据生产需要调整，操作非常方便。

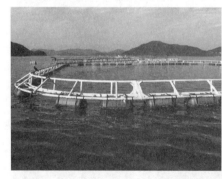

图 1-28 日产方形框架式金属网箱

3. 浮绳式网箱

所谓浮绳式网箱是指采用绳索和浮体连接成软框架的浮式网箱，亦称软体网箱。浮绳
式网箱最早由日本研制，20 世纪 90 年代末，海南、浙江和福建等省开始推广浮绳式网
箱，并取得成功。浮绳式网箱主要由绳索、箱体、浮子、沉子及锚泊系统构成；浮在水面
的绳框和浮子可随着海浪的波动而起伏，网箱整体柔性好。网箱箱体部分是一个六面体结
构，其柔性框架（或柔性绳框）可由两根中大规格的合成纤维绳作为主缆绳、多根中小规

格的合成纤维绳作为副缆绳；主、副缆
绳连接成一组若干只网箱的软框架。
2011 年，东海所石建高等制定了我国第
一个浮绳式网箱行业标准——《浮绳式
网箱》（SC/T 4024—2011）。浮绳式网箱
价格低廉、制作容易、操作管理比较方
便。从便于养殖管理来看，周长小于
80 m 的浮绳式网箱适合港湾及近海养殖。
日本的一种浮绳式网箱如图 1 - 29 所示。
2016 年，东海所石建高研究员为温州丰
和研制了周长 240 m、可用于深远海大黄
鱼养殖的超大型浮绳式网箱。浮绳式网

图 1 - 29　浮绳式网箱

箱主要优点：价格低廉、投饵方便、制作和管理方便。其主要缺点：浪流下网箱成形差、
容积损失率较高、恶劣海况下抗风浪能力不足等。

4. 牧海型网箱

牧海型网箱主要由网箱主体和锚泊
系统两大部分组成，其工作原理类似于
半下沉的油井平台（图 1 - 30）。牧海型
网箱主要优点：结构独特、网箱平衡性
和稳定性好、框架防腐且变形小、智能
化技术较高（如采用了渔业互联、环境
监控和自动投饵等技术）。牧海型网箱主
要缺点：一次性投入过高、结构繁杂、
工作人员素质和相关技术要求高等。网
箱主体可分为上下两部分，其上浮管构
成的圆形工作平台通过 6 根辐条与主浮
环连接形成网架；网衣布设于网架与纲
绳之间，并预设可开关的鱼类通道口，

图 1 - 30　牧海型网箱工作平台

以方便鱼类进出。网箱下方为下部主网箱，在主网箱的底部外圈设置一沉环，通过吊绳与
主浮环相连。网箱沉环提供重量，与主浮环和浮管提供的浮力相平衡，用以稳定网箱。同
时，网箱框架通过绳索与主网箱底纲进行张紧连接，以减少网箱网衣在海流中的变形。

二、升降式网箱

所谓升降式网箱是指具有升降功能的网箱（亦称可潜式网箱）。整个升降式网箱在如
台风、赤潮等来临前可根据需要沉入水中一定的深度，因此升降式网箱在水产养殖中得到
了少量应用。升降式网箱主要包括 HDPE（框架）圆形升降式网箱（简称升降式 HDPE

网箱)、升降式金属网箱、碟形网箱、挪威张力腿网箱、俄罗斯钢结构网箱、锚张式网箱和全金属网箱等。

1. 升降式 HDPE 网箱

在原有的不可升降的 HDPE 网箱的基础上，重新进行结构设计，改变原有主管道设置方式，将圆形浮管进行分区隔离密封并设置进排气管路及进排水管路控制系统（或者采用气囊系统等），安装气路接口、气路密封阀门、气路分配器等设备，从而实现网箱在水中的升降操作；在强台风来临前，升降式网箱可预先下潜至水面一定深度以下，从而避开风浪的冲击，保证了网箱养殖的安全性，提高了网箱养殖的经济效益。图 1-31 为升降式 HDPE 网箱（它主要用于养殖海参、牙鲆和大菱鲆等）。

图 1-31　升降式 HDPE 网箱

升降式 HDPE 网箱原理：当以空心 HDPE 圆柱管材为贮气系统时，可用隔舱将其分隔为多个各自独立并且互相密封的贮气区，在每个贮气区安装进排气和进排水系统，并通过通气管分别与进排气分配装置、水管和进排水系统连接，加装控制阀门以调节进气量和进水量；操作中，只要能在各个不同的方位控制好进排气、进排水的均匀性，整个网箱的平稳、倾角和平衡性就可得到保证。升降式 HDPE 网箱主要优点：网箱用 HDPE 圆柱管材可制作成分段的构件形式，然后运至安装现场后再进行拼装，便于运输；网箱用环形圈数量可适当增加，结构更加牢固。升降式 HDPE 网箱主要缺点：网箱用耐海水腐蚀特种不锈钢材料成本高、网箱用进排气管路系统密封要求高（一旦漏气就会发生网箱倾覆或下沉事故）。除上述升降方法外，升降式 HDPE 网箱贮气系统也可采用浮沉箱、气囊系统等方法。

2. 升降式金属网箱

升降式全金属网箱最初由日本研发成功，它能抵御台风侵袭，在日本真鲷、黄条鰤等养殖中已得到产业化应用。升降式全金属网箱主要由金属网箱框架、金属网衣、升降系统和锚泊系统等部分构成。全金属网箱框架可选用特种镀锌管材焊接成三角钢架结构，具有很强的力学抗击能力。全金属网箱框架经超陶喷涂技术或其他特种技术进行防腐处理，确保金属框架在高腐蚀的海水环境中十几年都不易生锈。金属网衣采用锌铝合金网衣和铜锌合金网衣等。全金属网箱的规格为 (5~20)m×(5~20)m×(3~20)m。规格为 10 m×10 m×8 m 的金属网箱中的金属网衣重量约 2.5 t，所以全金属网箱在水流较急的海域变形较小，而同等条件下的纤维网衣网箱容积损失率则相对较高。升降式全金属网箱具有很好的有效养殖空间利用率，养殖单位产量比普通网箱养殖模式提高 20% 以上；升降式全金属网箱的另一个特点就是具有很强的抗风浪能力，可抗击 12 级以上台风和 5 m 以上风浪，可在深远海布设全金属网箱。金属网衣可利用洗网机等进行清洗。图 1-32 为日本钢结构框架升降式金属网箱。升降式全金属网箱升降原理：金属网箱沉浮式浮筒设置在每边框架的中部，下沉时放气进水，上浮时使用压缩空气排水。金属网箱升降式浮筒的浮力需做到对称平衡。为保证升降式金属网箱在漂浮状态时的稳定性，浮力为网箱水中质量的 2 倍以上。金属网箱框架下还设有耐压式浮筒，以保证网箱在浪、流中的稳定性。升降式全金属网箱主要优点：金属圆管框架具有很高的强度，由于框架材料采用镀锌处理，使用 1 年后框架仍然完好，无腐蚀现象；全金属网箱藻类附着程度比合成纤维网片要低得多。升降式全金属网箱主要缺点：在潮涨潮落的过程中，由于潮差大、水流急，网箱在海面上倾斜严重，较多的养殖空间露出水面；在水流作用下，箱体网衣相互之间会产生摩擦，当镀锌层磨损后，在海水中很快腐蚀，导致箱体网衣破裂，会引起网破鱼逃事故。

图 1-32　日本升降式金属网箱

3. 碟形网箱

碟形网箱最早由美国 Ocean Spar 公司设计和制造，是典型的钢制刚性网箱的代表，亦称 dish cage（图 1-33）。碟形网箱主体部分主要是由立柱、浮环、工作平台、平衡块、纲绳、网衣以及其他连接绳索等构成。立柱和浮环作为碟形网箱的关键部件，为整个网箱提供浮力。碟形网箱工作平台属钢质焊接结构，装有安全栏杆；工作平台是为方便管理人员工作而设置，以进行网具安装、饲料投放及升降操作等。平衡块由钢筋混凝土制成，垂直悬于下立柱的底部，用于防止碟形网箱在风浪作用下过度晃动和摆动，影响碟形网箱养殖效果，并且当碟形网箱需要进行升降操作时，在升降中起到重力配重作用，以使碟形网箱能够在水中垂直升降和控制升降速度。碟形网箱升降原理：立柱相当于一个直立的全封闭浮筒，其内部通过进排水口与海水相通。当从网箱的工作平台处通过通气管向立柱中注入压缩空气时，立柱中的海水在空气压力作用下，就逐渐通过进排水口从下立柱中排出，这样立柱中的浮力逐渐增加，也就是整个网箱的浮力逐渐增加，网箱在浮力的作用下向上慢慢地浮出水面；反之，当立柱外的海水逐渐通过进排水口进入立柱时，网箱在重力的作用下向下慢慢地沉入水中。碟形网箱主要优点：网箱可设置在没有屏障的开放性海域，能抵御 12 级以上台风的袭击，在 3 kn 流速下碟形网箱容积损失小于 15%，碟形网箱主体结构使用年限达 8～10 年；碟形网箱体积大，可一次养鱼 50～60 t；碟形网箱为全封闭式结构，网具为全固定拉紧式，不会摇摆和漂动，碟形网箱沉浮深度可人为控制。碟形网箱主要缺点：网箱投资成本高；网箱安装有一定的技术要求，配套设备也相对较

图 1-33 碟形网箱

多，养殖管理等方面对养殖人员的素质要求较高；网箱换网、起捕鱼的操作较为困难。

4. 挪威张力腿网箱

所谓张力腿网箱是指顶部靠浮力撑开网箱体，底部采用绳索固定，随海流漂摆的重力式网箱，亦称 TLC（the tension leg cage）型网箱或张力框架网箱（图 1-34）。张力腿网箱由挪威 REFA 公司研制，结构上主要分为坛子形箱体、张力腿和锚碇三个部分。坛子形箱体是网箱的主体部分，其顶部为盖网（盖网与颈部网衣间用特种拉链连接）。张力腿网箱肩颈部由 HDPE 浮性环管制成，它通过特种拉链与正六角柱形网身相连，以利于鱼苗放养、成鱼收捕和潜水员进出。张力腿网箱上纲的 6 个角上各系有一个塑料浮筒。张力腿网箱下纲的 6 个角通过悬挂在其下方的张力腿的吊举结构与锚碇相连接。张力腿网箱装有下锚浮筒。张力腿则是 6 条可伸长的绳索，将坛子形网箱与锚碇连接在一起。为了固定

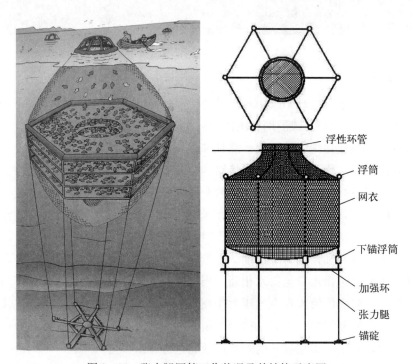

图 1-34　张力腿网箱工作状况及其结构示意图

下锚浮筒和张力腿的位置，在张力腿网箱下锚浮筒的下方还加装了一个能圈住张力腿的具有伸缩性的加强环。张力腿网箱升降原理：张力腿网箱通过张力腿的牵引作用牢固地系在锚碇上，并可以在海水中随波逐流，风平浪静时可以漂浮于海面，当风浪作用逐渐增强时，张力腿网箱顶部的圆形框架将侧移并逐渐潜入水中，风浪越大，下潜深度越深，大风大浪时整个网箱被淹没在海水之中，避免风口浪尖的冲击。张力腿网箱主要优点：与重力式网箱和碟型网箱相比，其结构简单、安装方便，由于在张力腿网箱的颈部设置一个HDPE 材料的圆形浮力环管，因而降低了张力腿网箱的造价；在流速为 1 kn 的情况下，张力腿网箱容积损失率小于 10%，它最大可以抵抗 3 kn 流速作用。张力腿网箱主要缺点：网箱养殖区域水深必须大于 25 m；网箱下潜方向不定且网箱长期处于水下，不利于观察鱼类养殖情况。

5. 俄罗斯钢结构网箱

俄罗斯钢结构网箱为六棱形的结构形式，其箱体主要分两个部分，上半部分为网状的全封闭腔体，下半部为环状结构的可进排水的环状浮体（图 1 - 35）。俄罗斯钢结构网箱的罩型网状主框架和下部的支撑环通常采用一定厚度的无缝钢管焊接而成，两者一起构成俄罗斯钢结构网箱的框架结构，起到支撑整个网箱的作用，并为整个网箱提供浮力和在升降时起平衡作用。俄罗斯钢结构网箱罩型网状主框架的顶部装有工作平台和自动投饵设备，内侧的四周则开有用于扎牵网具绳索和卸扣的孔，用于整个网箱网衣的安装。平衡块和配重链安装于俄罗斯钢结构网箱支撑环的底部，两者之间采用

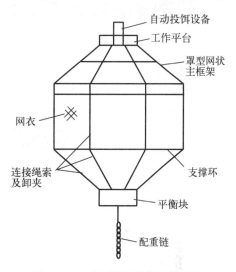

图 1 - 35　俄罗斯钢结构网箱结构

绳索连接。俄罗斯钢结构网箱升降原理：在俄罗斯钢结构网箱罩型网状主框架下半部分的环状结构浮体上装有进排气和进排水管道，当从网箱的工作平台处通过通气管向下部环状结构中注入压缩空气时，整个网箱的浮力逐渐增加，当该力超过自身钢结构框架、平衡块和配重链的自重时，网箱慢慢地浮出水面；反之，当海水逐渐进入下部环状结构时，网箱就慢慢地向下沉入水中。俄罗斯钢结构网箱在水深约 40 m 的海中进行操作时，完成单程升降操作需要约 30 min。俄罗斯钢结构网箱主要优点：网箱能抵御 12 级以上台风的袭击，抗风浪性能突出；网箱为重力拉紧式结构，可设置在没有屏障的开放性海域，水深可达40～60 m；网箱在海上固定后不会出现移锚等现象，安全性好。俄罗斯钢结构网箱主要缺点：网箱为上下结构，安装过程相对繁琐；资金投入较大。

三、其他养殖设施

随着水产科技的发展，除了浮式网箱与升降式网箱外，水产养殖业还出现了超级大网

箱（图1-36）、巨蛋型网箱（图1-37）、抗流型网箱（图1-38）、软式飞艇型网箱（图1-39）、球形网箱（图1-40）、可移动式养殖网箱、牧海型（farmocean）网箱、海洋站深海网箱、船形组合网箱、浮台养殖网箱、浮柱型升降式网箱和伸缩式笼形养殖网箱等水产养殖网箱及其他养殖设施。

图1-36　超级大网箱

图1-37　巨蛋型网箱

图1-38　抗流型网箱

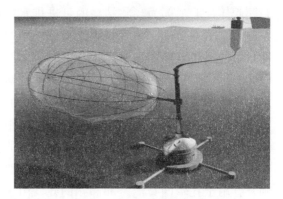

图1-39　软式飞艇型网箱

图1-40　球形网箱

图1-41为深远海金枪鱼养殖设施，其长
190 m、宽56 m、水线深度27 m，主甲板深度
47 m、最小吃水10 m、锚泊吃水37 m，航速
8 kn，定员30人；该设施由挪威Izar Fene造
船厂与Itsazi Aquaculture合作研制，用于暂
养、育肥和运输蓝鳍金枪鱼（可以8 kn航速移
动，并能将金枪鱼从地中海运输到日本）。深远
海金枪鱼养殖设施有两种工作状态，一种为移
动时的设施，另一种为锚泊时的设施。移动时
船舱与网箱合为一体，其养殖容积为95 000 m³，
整个设施能用8 kn航速行驶。锚泊时网箱下降

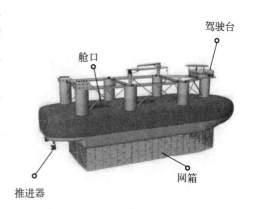

图1-41 深远海金枪鱼养殖设施

至船底平台龙骨下，其与船舱一起成为一个长120 m、宽51 m、深45 m的大型网箱养殖
设施，养殖容积（网箱和船舱）为95 000～195 000 m³。多用途的辅助网箱位于船体上部
的支撑结构和水下船体之间，用网衣将水体围成三个部分，根据不同的任务分别用于捕
捞、鱼的销售、金枪鱼的移入和鱼病治疗等。网箱网衣的清洗是通过设置于船底四周的管
道，用高压水从里向外冲洗上、下移动时的网衣。此外，该离岸养殖设施还设有投饵系
统、死鱼清除装置、氧气发生装置和金枪鱼行为生态监控系统等。另外，深远海金枪鱼养
殖设施还设有5 000 m³的冷藏库，足以保证从欧洲航行至日本途中的饲料需求。该设施
一般位于渔船的作业海区，通过一艘辅助船将装有金枪鱼的网箱移至该设施的尾部，然后
采用不同的方法向船首方向移动，直至移动到三个分隔水体中的一个为止。金枪鱼的捕捞
是通过一个取鱼网把养殖网箱移到辅助网箱，然后提升该养殖设施，使水池中的水量下
降，迫使鱼集中至一个特定的区域，以利于捕捞操作。金枪鱼离岸单元配备了两种传统的
海上起重机，位于网箱中部的柱子和足够的救生设备。金枪鱼离岸养殖设施的基本设计包
括机械和服务，是按照典型的近海规则设计的。国际海事组织和西班牙的规定也被考虑
在内。

养鱼平台和养鱼工船可作为一种特殊的水产养殖网箱。养鱼平台主要起始于公海石油
平台，石油气采完后，就改建为养鱼平台，以平台为基地，在其周围布置一群大型全自动
化的海水养殖网箱，发展"石油后"产业（图1-42）。比较典型的是西班牙彼斯巴卡公
司养鱼平台，年产鱼量在400 t左右，还有日本专门养殖昂贵的食用鱼，每年向市场投放
20万t优质鱼，销售将达几十亿美元。

利用船期已满的大吨位退役油船或散装货船、废弃货船等船舶，经过改造成为适合养
鱼的工作船；针对10万t阿芙拉油轮设计的10万t级大型养殖工船构建方案如图1-43
所示。这种养鱼工作船能克服原来养殖模式的诸多弊端和不足，在养殖鱼类过程中，充分
利用优越的自然条件和科学养殖方法，推动了水产养殖技术升级。

荷兰开发了InnoFisk养殖工船（图1-44），其船长300 m，可年产500 t鲑。养殖工
船设置了三文鱼繁育淡水循环水系统，工船可开展海水育苗养殖、生物饵料培养和成鱼养

图 1-42 养鱼平台

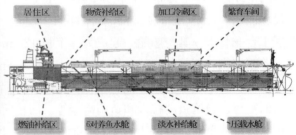

图 1-43 10 万 t 级大型养殖工船构建方案

图 1-44 InnoFisk 养殖工船

殖。养殖工船可孵化至少 10 万尾鲑。为了控制病害暴发，将养殖密度控制在 20 kg/m³ （相当于 4 尾 5 kg 的成鱼养殖）。

2015 年以来，在渔业装备与工程的合作研发项目的支持下，东海所石建高课题组联合广源渔业等多家单位跨界合作，成功设计出一种养殖工船，其养殖舱室分布图如图 1-6 所示。

2017 年 7 月，在山东省"海上粮仓"建设计划的重点项目的支持下，日照港达船舶重工有限公司改建的"鲁岚渔养 61699"养殖工船赴日照以东 100 n mile 外的黄海冷水团区域作业（图 1 - 45）。该养殖工船长 86 m、型宽 18 m、型深 5.2 m，拥有 14 个养鱼水舱，配备饲料舱、加工间、鱼苗孵化室、鱼苗实验室等配套齐全的舱室和设备，可满足冷水

图 1 - 45　"鲁岚渔养 61699"养殖工船

团养殖鱼苗培育和养殖场看护要求。该工船相当于一个超大的浮动网箱，可深入普通养殖网箱无法到达的深海区。冷水团养殖工船通过循环抽取海洋冷水团中的低温海水，可以低成本进行三文鱼等高价值的海洋冷水鱼类养殖。

2018 年中集来福士与挪威合作开发建造全球最大最先进的 Havfarm1 深水养殖工船（图 1 - 46）。Havfarm1 深水养殖工船长 385 m、宽 59 m、高 65 m，包含 6 座深水网箱，养殖水体高达 44 万 m^3，养殖规模可达 1 万 t 三文鱼。Havfarm1 深水养殖工船符合全球最严苛的挪威石油标准化组织标准，入级 DNV - DET NORSKE VERITAS（简称 DNV）船级社，能在挪威恶劣海况下运营。作为目前全球最大最先进的深水养殖工船，Havfarm1 深水养殖工船通过外转塔单点系泊的方式进行固定，同时装备全球最先进的三文鱼自动化养殖系统，能够解决挪威三文鱼养殖密度过高、养殖水面不足和三文鱼鱼虱病等问题，实现鱼苗自动输送、饲料自动投喂、水下灯监测、水下增氧、死鱼回收、成鱼自动搜捕等功能，改变了三文鱼水产养殖业方向，以可持续发展的方式满足人类对健康海鲜日益增长的需求。

图 1 - 46　Havfarm1 深水养殖工船效果图

2020 年 3 月 31 日，中集来福士建造的深水养殖工船"Havfarm1"的命名暨离港仪式在来福士码头前沿举行。深水养殖工船"Havfarm1"被命名为 Jostein Albert。在中集物流旗下振华物流的助力下，2020 年 4 月 2 日 Havfarm1 正式离开来福士码头至试航区锚地进行沉浮试验，试验结束后装载到全球最大半潜运输船 Boka Vanguard "先锋轮"。2020 年 4 月 10 日 6 时 36 分，该渔场被干拖前往挪威哈德瑟尔区域，进行深远海三文鱼养殖作业。

　　2019 年 3 月我国首个自主知识产权深远海养殖工船设计合同在上海签署。上海耕海渔业有限公司与中国船舶工业集团公司第七〇八研究所在上海临港正式签署了三艘深远海养殖工船的设计合同，标志着我国深远海养殖首个自主知识产权的成套装备进入产业化实施阶段。此次签约的养殖工船是我国深远海养殖装备的 2.0 版本，其具备自主移动避台风、变水层测温取水、舱内循环水环保养殖、分级分舱高效养殖、自动化智能化五大创新技术。该船有针对性地解决了长期困扰传统的开放式水域养殖"听天由命"的痛点，将海产品养殖从近岸推向深远海，进入自动化、智能化、规模化、工业化的现代渔业生产阶段。此次历时数年全新设计的新一代深远海养殖工船（图 1-47）可提供 8 万 m^3 养殖水体，年产挪威三文鱼近万吨，产值超过 10 亿元，且具有很好的复制性。截至目前，尚未有该深远海养殖工船开工建设的公开报道，值得期待。新一代深远海养殖工船设计图见图 1-48。

图 1-47　建造后的 Havfarm1 深水养殖工船

图 1-48　新一代深远海养殖工船设计图

第二章

渔具及渔具材料标准体系概况

标准体系是一定范围内的标准按其内在联系形成的科学有机整体。构建标准体系是运用系统论指导标准化工作的一种方法，它主要包括编制标准体系结构图与标准明细表、提供标准统计表、编写标准体系编制说明等。通过标准体系研究可形成标准体系表。标准体系表是一定范围内包含现有、应有和预计制定标准的蓝图，是一种标准体系模型，它是编制标准制修订规划和计划的依据。

第一节　渔具及渔具材料标准体系现状

20世纪80年代以来，国家标准化管理委员会、全国水产标准化技术委员会（简称水标委）及其分技术委员会等标准化管理部门为渔具及渔具材料标准体系建设做了大量工作，推动了我国相关标准化工作的可持续发展。

一、我国渔具及渔具材料标准体系研究现状

所谓渔具是指在水域（包括内陆和海洋）中直接捕捞水产经济动物的工具。所谓渔具材料是指直接用来装配成渔具的材料，它们主要包括单丝、网线、网片、绳索、浮子和沉子以及其他属具材料等。传统渔具主要包括刺网、围网、拖网、张网、钓具、耙刺、陷阱、笼壶、地拉网、敷网、抄网和掩罩等，而现代渔业的发展赋予了渔具新的内涵，现有渔具概念已经突破传统渔具的范畴。为适应现代渔业的发展需求，在2016年全国水产标准化技术委员会渔具及渔具材料分技术委员会秘书处在山东石岛举办全国水产标准化技术委员会渔具及渔具材料分技术委员会（SAC/TC 156/SC 4）年会期间，针对《渔具基本术语》（SC/T 4001）修订标准送审稿中的渔具定义（海洋和内陆水域中，直接捕捞和养殖水生经济动物的工具），全国水产标准化技术委员会渔具及渔具材料分技术委员会进行了表决，会议表决通过了《渔具基本术语》（SC/T 4001）修订标准送审稿中的渔具定义。综上，网箱是渔具的重要组成部分，网箱属于一种特殊的渔具已成为行业共识。在我国渔具及渔具材料标准体系表中，网箱标准体系也长期被当作一种渔具标准体系进行管理。20世纪80年代至今，国家标准化管理委员会、农业农村部、全国水产化标准化技术委员会

（委员）、渔具及渔具材料产学研单位及相关人员、全国水产化标准化技术委员会渔具及渔具材料标准化分技术委员会（委员）及其秘书处等为我国渔具及渔具材料标准体系表的制修订与完善做了大量工作，助力了我国渔具及渔具材料标准化工作建设。

水产标准体系是水产标准化工作的基础。渔具及渔具材料专业标准体系表为水产行业标准体系表的重要组成部分。水产行业标准体系表的编制始于20世纪80年代初期。当时国家水产总局转发了国家标准总局《关于编制标准体系表的初步意见》（国标发〔1981〕171号），水产行业标准体系表的编制工作也从此开始。我国渔具及渔具材料专业标准体系表的编制也起始于20世纪80年代初期。遵照国标发〔1981〕171号的文件精神，全国水产化标准化技术委员会渔具及渔具材料标准化分技术委员会及其秘书处（以下简称渔具及渔具材料分技委及其秘书处）在分析汇总国内外有关本专业标准的基础上，广泛征求渔具及渔具材料专业人员意见，并结合"六五"计划，第一次编制了渔具及渔具材料标准体系表（草案）。1981年，国家水产总局和渔具及渔具材料分技委两次召开会议讨论体系表（草案）。1982年，国家水产总局又先后组织召开了两次水产标准体系表（草案）修改讨论会，并形成了渔具及渔具材料标准体系表第一版（亦称1982年版渔具及渔具材料标准体系表）。1985年和1989年项目组又两次对体系表分别进行了修订。1991年，国家标准《标准体系构建原则和要求》（GB/T 13016—1991）发布，按照该标准的要求，立足当时的渔业科技水平和渔业发展的需要，编制水产行业及各专业标准体系表（草案）提上议事日程。1991年6月，农业部水产司召开水产标准化技术归口办座谈会，会上做出了"根据形势发展需要和'八五'计划精神，水产标准体系表应予修订"的决定。渔具及渔具材料分技委遵照会议精神并结合标准的清理整顿工作，对标准体系表进行了再次修订，形成了1991年版渔具及渔具材料标准体系表。1999年6月和9月，农业部渔业局和全国水产标准化技术委员会在北京两次召开会议，召集各分技委修订标准体系表。根据这两次会议上的要求，渔具及渔具材料分技委两次召集委员讨论1991年版标准体系表。2001年，农业部渔业局又提出要继续修改和完善水产行业标准体系表。根据当时我国渔业科技水平和渔业发展需要，按照《标准体系表编制原则和要求》（GB/T 13019—1991）有关规定，结合水产标准化工作发展现状，渔具及渔具材料分技委及其秘书处在查阅大量国内外相关资料、广泛进行调查研究的基础上，经多方听取意见，几经修改，于2002年1月形成2002年版渔具及渔具材料标准体系表。同时，渔具及渔具材料分技委及其秘书处协助全国水产标准化技术委员会于2003年7月完成了水产行业标准体系表（讨论稿）编制工作。2003年以后，全国水产标准化技术委员每年会都组织各专业委员会对标准体系进行修改完善。在广泛征求委员们意见的基础上，渔具及渔具材料分技委秘书处按照《标准体系表编制原则和要求》（GB/T 13016—2009）的规定，于2015年起草了2015年版渔具及渔具材料标准体系表（即目前在用的渔具及渔具材料标准体系表）。渔具及渔具材料标准体系表中应有标准301项（其中国家标准97项、行业标准204项）（表2-1）。截止到2019年10月1日，已经制修订并发布的渔具及渔具材料标准有87项，正在制修订中的标准有4项，待制修订的有210项（表2-1）。如果按每年立项标准2～3项的速度，需要几十年的时间才能制定完相关标准，可见渔具及渔具材料标准制修订工作任重道远。渔具及渔具材料标准发布时间统计表见表 2-2。

表 2-1　渔具及渔具材料标准统计表

应有标准（项）*		现有标准				制修订中标准（项）	
国家标准	行业标准	国家标准（项）	占应有标准比例（%）	行业标准（项）	占应有标准比例（%）	国家标准	行业标准
97	204	21	21.6	66	32.4	1	3
合计：301		合计：87				合计：4	

注：＊应有标准数量指渔具及渔具材料标准体系表中标准数量。

表 2-2　渔具及渔具材料标准发布时间统计表

现有标准（项）		标准发布时间及占比					
		2000 年以前	占比（%）	2000—2010 年	占比（%）	2010 年以后	占比（%）
国家标准	21	0	0	18	85.7	3	14.3
行业标准	66	11	16.7	20	30.3	35	53.0
合计	87	11	12.6	38	43.7	38	43.7

二、国外渔具及渔具材料标准体系研究现状

在国际上，绳网等渔具及渔具材料类标准主要归口在 ISO/TC 234 渔业和养殖技术委员会、ISO/TC 38 纺织品技术委员会等技术委员会。水产养殖标准体系研究课题组搜集到的渔具及渔具材料相关国际标准如表 2-3 所示。

表 2-3　渔具及渔具材料国际标准一览表

序号	标准编号	标准名称	标准类别
1	ISO 139—1973	纺织品　调湿和试验用的标准大气	ISO
2	ISO 858—1973	渔网　特克斯制中网线的标识	ISO
3	ISO 1107—2017	渔网　网片　基本名词和术语	ISO
4	ISO 1130—1975	纺织品　测试取样的几种方法	ISO
5	ISO 1139—1973	纺织品　特克斯制的设计	ISO
6	ISO 1140—2012	纤维绳索　聚酰胺　3 股、4 股、8 股和 12 股绳	ISO
7	ISO 1141—2012	纤维绳索　聚酯　3 股、4 股、8 股和 12 股绳	ISO
8	ISO 1181—2004	绳索　马尼拉麻和西沙尔绳索　3 股、4 股和 8 股绳索	ISO
9	ISO 1346—2012	纤维绳索　聚丙烯裂膜、单丝和多丝（PP2）以及聚丙烯高韧性多丝（PP3）3 股、4 股、8 股和 12 股绳	ISO
10	ISO 1530—1973	渔网　有结网片的描述和设计	ISO
11	ISO 1531—1973	渔网　网衣的缝合	ISO
12	ISO 1532—1973	渔网　有结网片的剪裁	ISO

（续）

序号	标准编号	标准名称	标准类别
13	ISO 1805—1973	渔网　网线断裂强力和结节强力的测定	ISO
14	ISO 1806—2002	渔网　网片断裂强力的测定	ISO
15	ISO 1968—2004	纤维绳索和绳缆制品　词汇	ISO
16	ISO 1969—2004	绳索　聚乙烯　三股和四股绳索	ISO
17	ISO 2075—1972	渔网剪裁形状　网片剪裁斜率的测定	ISO
18	ISO 2307—2010	纤维绳索　有关物理和机械性能的测定	ISO
19	ISO 3090—1974	网线　浸水后长度变化的测定	ISO
20	ISO 3505—1975	绳索和绳索制品　系船用的天然纤维绳索和化学纤维绳索的等效性	ISO
21	ISO 3600—1976	渔网　网片的装配　名词和应用	ISO
22	ISO 3660—1976	渔网　网片的缝合和装配　术语和图示说明	ISO
23	ISO 3790—1976	渔网　网线伸长的测定	ISO
24	ISO 9554—2019	纤维绳索　通用要求	ISO
25	ISO 16663.1—2009	渔网　网目尺寸测定方法　第1部分：网目内径	ISO
26	ISO 16663.2—2003	渔网　网目尺寸测定方法　第2部分：网目长度	ISO
27	ISO 10325—2009	纤维绳索　高模量聚乙烯　8股编织绳、12股编织绳和包覆绳	ISO
28	ISO 10547—2009	聚酯纤维绳索　双重编织结构	ISO
29	ISO 10554—2009	聚酰胺纤维绳索　双重编织结构	ISO
30	ISO 10556—2009	双重聚酯/聚烯烃纤维绳索	ISO
31	ISO 10572—2009	混合聚烯烃纤维绳索	ISO
32	ISO 16488—2015	有鳍鱼类海水养殖场　开放式网箱　设计和操作	ISO
33	ISO 12875—2011	有鳍鱼类产品的可追溯性-捕获的有鳍鱼类分销链中记录的信息规范	ISO
34	EU/EC NO 356/2005—2005	欧盟委员会关于为被动捕鱼设备和桁曳网的标识和识别制定详细规则的条例	欧盟
35	EN ISO 16663.1—2009	渔网　测定网目尺寸的试验方法　第1部分：网目内径	欧洲
36	EN ISO 16663.2—2003	渔网　测定网目尺寸的试验方法　第2部分：网目长度	欧洲
37	BS 4763—1971（R2016）	结网裁剪成形（锥形）方法	英国
38	BS 4763—1971（R2011）	有结网裁剪成形（锥形）方法	英国
39	BS 5398—1976（R2016）	渔网安装与连结法分类	英国
40	BS 5398—1976（R2011）	渔网安装与连结法分类	英国
41	BS ISO 16488—2015	有鳍鱼类海水养殖场　开放式网箱　设计和操作	英国
42	BS EN ISO 1107—2003	渔网　网　基本术语和定义	英国
43	BS EN ISO 1530—2003	渔网　打结网的描述和标识	英国
44	BS EN ISO 16663.1—2009（R2014）	渔网　测定网目大小的试验方法　第1部分：网目内径	英国
45	BS EN ISO 16663.1—2009	渔网　测定网目大小的试验方法　第1部分：网目内径	英国
46	DIN EN ISO 1107—2003	渔网　网片　基本术语和定义	德国

（续）

序号	标准编号	标准名称	标准类别
47	DIN EN ISO 1530—2003	渔网　有结网片的描述和标识	德国
48	DIN EN ISO 16633.2—2003	渔网　测定网目尺寸的试验方法　第2部分：网目长度	德国
49	DIN EN ISO 16663.1—2009	渔网　测定网目尺寸的试验方法　第1部分：网目内径	德国
50	DIN EN ISO 16663.2—2003	渔网　测定网目尺寸的试验方法　第2部分：网目长度	德国
51	NF G36-100—1969（R2009）	渔网　用特克斯制表示网线的方法	法国
52	NF G36-101—2004	渔网　网片　基本名词和术语	法国
53	NF G36-102—1969（R2009）	渔网　网片的装配　词汇	法国
54	NF G36-103—2003	渔网　有结网片的描述和标识	法国
55	NF G36-104—1972（R2012）	渔网　渔网用有结网片的剪裁　剪裁的型式和方法　渔网的形式和选用	法国
56	NF G36-105—1974（R2009）	渔网　网片的装配与连接　词汇　图形	法国
57	NF G36-106—1974（R2009）	渔网　图形　一般规则	法国
58	NF G36-154‑1—2009	渔网　测定网目尺寸的试验方法　第1部分：网目内径	法国
59	NF G36-154‑2—2004	渔网　测定网目尺寸的试验方法　第2部分：网目长度	法国
60	NF EN ISO 1107—2004	渔网　网片基础术语和定义	法国
61	NF EN ISO 1530—2003	渔网　有结网片的描述和标识	法国
62	NF EN ISO 16663.1—2009	渔网　测定网目尺寸的试验方法　第1部分：网目内径	法国
63	NF EN ISO 16663.2—2004	渔网　测定网目尺寸的试验方法　第2部分：网目长度	法国
64	UNI 8738.1—1986	渔网　测定网目尺寸的试验方法　网目内径	意大利
65	UNI 8738.2—1985	渔网　测定网目尺寸的试验方法　网目内径	意大利
66	UNI 8783—1985	渔网　测定网目尺寸的试验方法　网目长度	意大利
67	UNI EN ISO 16663.1—2009	渔网　测定网目尺寸的试验方法　网目内径	意大利
68	UNI EN ISO 16663.2—2003	渔网　测定网目尺寸的试验方法　网目长度	意大利
69	UNI 8286—1981	渔具　术语和定义	意大利
70	KS KISO 858—2007	渔网　用特克斯制表示网线的方法	韩国
71	KS KISO 1530—2007	渔网　网片结节描述和标识	韩国
72	KS KISO 1532—2007	渔网　有结网片的剪裁	韩国
73	KS KISO 3660—2007	渔网　网片的装配与连接	韩国
74	JIS S7001—1994	钓鱼钩	日本

　　在表2-3中，属于基础类标准有31项、方法类标准有32项、产品类标准有11项。这11项产品标准主要为绳索类产品；名词术语和测试方法标准在国际标准中比重较大，形成了一个较为完整的渔具及渔具材料标准体系。渔具及渔具材料国际标准体系的特点在于：

　　（1）在世界范围内统一了渔具及渔具材料的名词术语以及基本规定，这有利于各国各地区间技术交流与经贸要求。

　　（2）在世界范围统一了渔具及渔具材料的试验条件、检测、检验方法，亦即在世界上任何一个地方对评价同一个产品的技术指标必须在同样的试验环境和统一的试验方法下进行。这样不但可以避免贸易上的争执，也方便了世界各国、各地区间实验室比对或技术交流。

（3）绳索在各种捕捞渔具上作为纲索使用，它不但起到纲举目张的作用，而且还承受水流和各种外力对渔具所发生的作用力，其质量状况直接影响到渔业生产、渔民和养殖户等的财产及人身安全，所以制修订了一些常用纤维绳索产品国际标准。国际标准所关注的这些纤维绳索产品除了在渔业装备与工程技术上被大量使用外，在海工、航运、港口、军事、建筑和种植业等领域也有应用，纤维绳索产品质量也直接关系到相关领域的财产和人身安全。普通渔具及渔具材料类产品是一种劳动密集型、需要一定技术支撑、技术附加值又不高的产品，因此它们适合在劳动力比较充沛的国家生产加工。我国是世界第一大渔具及渔具材料生产国，绳网产品大量出口到欧洲、非洲和东南亚等地区，为世界渔业和相关产业的发展做出了巨大贡献，但迄今为止，我国尚未主持制定过渔具及渔具材料国际标准。渔具及渔具材料国际标准标准化研究非常重要，但任重道远。

三、国内外渔具及渔具材料标准体系比较分析

1. 我国渔具及渔具材料标准体系存在的问题

（1）标准技术水平有待进一步提高。近年来我国科技水平得到了飞速发展，大大缩小了我国渔具及渔具材料产品与世界发达国家之间的差距，但与世界发达国家相比，部分渔具及渔具材料装备还落后于世界发达国家，在制定相关标准时，只能等同采用国际标准或国外先进标准，尚未做到领先国际标准或国外先进标准。以网片产品为例，日本拥有编辫网等国际领先的成套装备技术及其相关技术规范，但我国目前编辫网标准还是空白；以网箱产品为例，挪威拥有详细的网箱设计技术规范，但我国目前尚无发布实施的网箱设计规范标准。

（2）标准技术要求有待完善。我国早期制修订的部分标准注重物理机械性能技术指标，而忽略卫生安全指标。我国渔具及渔具材料包装用塑料产品制作原材料主要为聚乙烯树脂、聚丙烯树脂等，有时需添加某些助剂。控制上述助剂的安全性十分必要，以防止个别有毒有害助剂对水产品或水域环境等的安全造成影响。欧盟已禁止在某些水产品加工过程中使用塑料工作台、塑料盘等，只准使用不锈钢制成的器具。为此，英国于 2004 年发布和实施了《与食品接触的材料和物品　塑料物质的限量》（BS EN 13130）标准。该标准是一个直接采用欧盟的系列标准，共分 1～8 个部分。第 1 部分规定了从塑料中游离到食品和模拟食品上的塑料物质限量，第 2～8 部分规定了塑料中自由析出的"苯二甲酸"等 7 种有毒有害物质的测定方法。因此我国的塑料渔箱标准技术要求中应增加卫生安全指标，以确保食品安全。又如，我国制定了一些与塑料浮球相关的渔具及渔具材料标准，但标准中既没有明确原材料必须使用新料，又没有禁止使用再生料等。

2. 我国渔具及渔具材料标准体系发展战略

我国作为世界第一大渔具及渔具材料生产国，标准体系发展应符合现代渔业生产和经济发展等需求，以满足广大消费者对安全水产品的需要。

（1）加强国际标准或国外先进标准等先进标准研究。随着"一带一路"倡议和蓝色粮仓、海洋经济、水产养殖绿色发展等国家战略的推进，我国渔具及渔具材料产品日益增多，加强国际标准或国外先进标准（包括 ISO 标准或发达国家标准等）研究十分必要（由于标准立项难等原因，目前还有大量渔具及渔具材料方面的 ISO 标准尚未转化为国家标准或行业标准），通过研究分析我们可以尽可能地等同或等效采用国际标准或国外先进标准，助力我国标准的国际化进程。

（2）开展水产养殖网箱等养殖设施标准体系研究。随着全球人口增长及资源短缺和环境恶化等问题日益严重，陆地资源已难以充分满足社会发展的需求，海洋资源开发成为21世纪国家发展的重要内容，也是增加人类优质蛋白质的重要"海上粮仓"。在此背景下，水产养殖区域从陆地到海洋，并由近海港湾向离岸深远海的海域拓展。2013年，《国务院关于促进海洋渔业持续健康发展的若干意见》中提出"推广深水抗风浪网箱和工厂化循环水养殖装备，鼓励有条件的渔业企业拓展海洋离岸养殖和集约化养殖。"2019年1月11日，农业农村部等10部门印发了《关于加快推进水产养殖业绿色发展的若干意见》，提出我国将大力发展生态健康养殖，明确了未来国家大力扶持智能渔场的智慧渔业模式等5个新型水产养殖模式，支持发展深远海绿色养殖，鼓励深远海大型智能化养殖渔场建设，引导物联网、大数据、人工智能等现代信息技术与水产养殖生产深度融合。根据上述政策取向，应加强网箱（尤其是深水网箱、深远海网箱）、生态养殖围栏、扇贝笼、珍珠笼、藻类养殖（绳网）设施等相关标准体系研究，建设"海上粮仓"，助力我国水产养殖绿色发展、捕捞渔民转产转业、养殖企业增产增收、政府农机补贴或燃油补贴政策实施。

（3）开展捕捞渔具准入配套标准等标准体系研究。随着海洋渔业资源的衰退，如何合理捕捞、利用现有的渔业资源已成为世界各国的重点研究课题。我国开展捕捞渔具准入研究的总体目标是，规范准入捕捞渔具的种类及其准用条件，符合联合国粮食及农业组织《负责任渔业守则》要求，实现渔业资源的可持续开发利用。围绕农业农村部捕捞渔具管理工作及准入目录制度建设，开展捕捞渔具调研分析，了解捕捞渔具管理中存在的主要问题、涉及的主要技术环节和主要要素，编制捕捞渔具准入配套标准体系框架，构建捕捞渔具准入配套标准明细表，形成捕捞渔具准入配套标准体系，并尽快制定捕捞渔具准入配套标准，为捕捞渔具准入管理、渔业资源保护等提供科技支撑。

（4）开展渔具及渔具材料质量安全性技术标准研究。我国早期制修订的部分渔具及渔具材料标准注重物理机械性能技术指标，而忽略卫生安全指标。如（在捕捞生产或加工运输途中用于）盛装渔获物的部分塑料鱼箱、塑料鱼筐等，在塑料成型生产过程中会添加助剂，这就要求添加的助剂安全可靠，以防止个别有毒有害的助剂通过直接接触渔获物而污染渔获物，因此《塑料渔箱》（SC 5010—1997）标准急需通过修订以增加卫生安全指标，确保食品安全等。又如目前在扇贝笼和养殖围网等渔业设施上使用防污涂料或功能性网衣（如水溶性防污涂料网衣、锌铝合金网衣等），这都必须制定配套的防污涂料或功能性网衣质量安全性技术标准（防止在局部水域大量使用上述网衣造成养殖水域水质或养殖对象中某些指标超标），以确保养成水产品或养殖水域安全。

（5）开展渔具及渔具材料国际标准化研究。因缺少专业人才、专项经费和相关政策等原因，迄今为止我国还没有实质性地参加渔具及渔具材料国际标准化研究工作，这与我国是世界第一大渔具及渔具材料国的地位极不相称。建议国家各级部门、协会团体和集团公司等大力支持全国水产标准化技术委员会、渔具及渔具材料分技委牵头开展渔具及渔具材料国际标准化研究，给予渔具及渔具材料分技委相关人才、资金和政策等资源支持，以便我国能尽快实质性地参加渔具及渔具材料国际标准化研究工作，争取我国在渔具及渔具材料国际标准方面的话语权等。

3. 我国渔具及渔具材料标准体系的构建

按照《标准体系表编制原则和要求》（GB/T 13016—2009）中第 5 章的规定，渔具及渔具材料标准体系的构建分为三个层次，第一层次为专业通用标准，第二层次为门类通用标准，第三层次为个性标准；在标准的属性上仍分为基础类标准、方法类标准和产品类标准。制修订标准时，我们应根据国情和现代渔业发展趋势，尽可能采用国际标准或国外先进标准，助力我国渔具及渔具材料标准的国际化进程。要制修订网箱与养殖围栏等设施相关标准，必须要对在用的国内外网箱与养殖围栏等设施进行调查、分析研究和应用示范，确保网箱等设施标准技术先进、内容合理；要制定好捕捞渔具准入配套标准，必须组织专家开展捕捞渔具准入配套标准体系研究；要制定防污涂料或功能性网衣质量安全性技术标准，必须要对在用的国内外防污涂料或功能性网衣的成分进行调查、研究和分析，对养成水产品或养殖水域安全性进行分析和评估等。可见，渔具及渔具材料标准体系的构建任重道远，需要全社会的支持和帮助。只有全社会共同努力，才能构建一个适合现代渔业、经济贸易、监督管理和技术交流等的渔具及渔具材料标准体系。

第二节 我国渔具及渔具材料标准体系框架

渔具及渔具材料作为渔业生产的主要投入品之一，在现代渔业发展中发挥着重要作用。我国是世界第一大渔具及渔具材料生产国，但不是渔具及渔具材料生产强国。构建一个较为完整的渔具及渔具材料标准体系、制定出科学合理的标准有利于渔业资源的合理开发利用，有利于渔业生产管理及其相关政策实施，有利于渔具及渔具材料生产加工及其应用，有利于渔具及渔具材料生产强国建设等。上述标准化工作将会助力"一带一路"倡议、蓝色粮仓建设、渔具渔法管理、水产养殖的绿色发展与现代化建设。

一、制定标准体系框架的原则与目标

1. 制定我国渔具及渔具材料标准体系框架的原则

（1）加强节能降耗型标准研究，实现渔业生产的节能减排。

（2）助力捕捞渔民转产转业、现代渔业的发展与现代化建设。

（3）符合"一带一路"倡议及渔业节能减排和水产养殖绿色发展等国家战略要求。

（4）加强网箱与养殖围栏等养殖设施相关标准体系研究，建设"海上粮仓"。

（5）加强国际标准或国外先进标准研究、应用与制修订，争取国际标准话语权。

（6）开展渔具及渔具材料质量安全性技术标准研究，确保养成水产品或养殖水域安全。

（7）规范准入捕捞渔具种类及其准用条件，促进渔业资源的合理开发利用以及现代渔业生产的可持续健康发展等。

2. 制定我国渔具及渔具材料标准体系框架的目标

争取在"十三五"期间，制定出一个既符合国家战略要求（如"一带一路"倡议及渔业节能减排和水产养殖绿色发展等战略），又与国际标准、国外先进标准接轨的渔具及渔具材料标准体系，规范捕捞渔具种类及其准用条件、水产养殖设施通用技术要求等，推动渔业资源的合理开发利用、水产养殖的绿色发展以及现代渔业生产的可持续健康发展。

二、我国渔具及渔具材料标准体系框架

我国渔具及渔具材料标准体系隶属于水产标准化技术体系，水产标准化技术体系组织结构如图 2-1 所示。

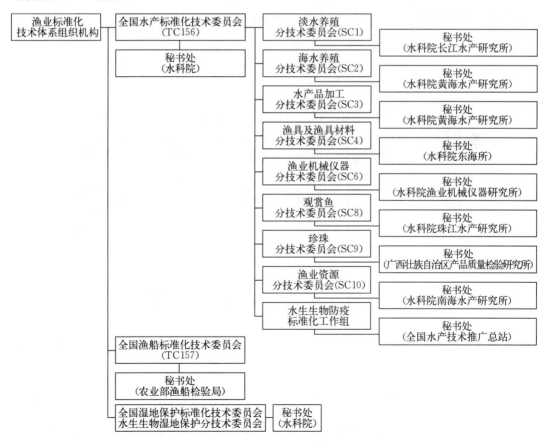

图 2-1　我国水产标准化技术体系组织结构

我国渔具及渔具材料标准体系框架如图 2-2 所示。

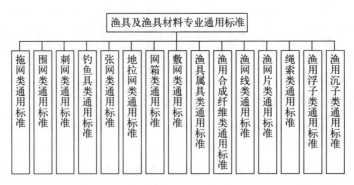

图 2-2　我国渔具及渔具材料标准体系框架

《渔业捕捞许可管理规定》已经农业农村部 2018 年第 7 次常务会议审议通过，自 2019 年 1 月 1 日起施行。渔业捕捞许可证核定的作业类型分为刺网、围网、拖网、张网、钓具、耙刺、陷阱、笼壶、地拉网、敷网、抄网、掩罩共 12 种。核定作业类型不得超过 2 种，并应当符合渔具准用目录和技术标准，明确每种作业类型中的具体作业方式。拖网、张网不得互换且不得与其他作业类型兼作，其他作业类型不得改为拖网、张网作业。捕捞辅助船不得从事捕捞生产作业，其携带的渔具应当捆绑、覆盖。我国未来渔具及渔具材料标准体系框架（讨论稿）如图 2-3 所示。

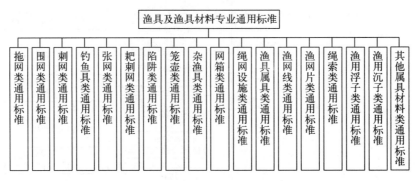

图 2-3　我国未来渔具及渔具材料标准体系框架（讨论稿）

第三节　我国渔具标准体系表

我国渔具标准体系包括渔具专业通用标准、渔具门类通用标准和渔具个性标准，现简述如下。

一、我国渔具专业通用标准

我国渔具专业通用标准包括基础性标准、方法类标准和工作类标准（表 2-4 至表 2-6）。

表 2-4　304.04.01 基础性标准

序号	标准名称	标准编号	宜定级别	采用国际、国外标准的程度（用符号表示）	采用的或相应的国际、国外标准号	备注（原标准名称/标准号）
1	渔具基本术语	SC/T 4001—1995	推荐性			SC 4001—1986
2	渔具制图	SC/T 4002—1995	推荐性			GB 6636—1986
3	渔具分类、命名及代号	GB/T 5147—2003	推荐性			GB/T 5147—1985
4	渔具与渔具材料量、单位及符号	GB/T 6963—2006	推荐性			GB 6963—1986

表 2-5　304.04.02 方法类标准

序号	标准名称	标准编号	宜定级别	采用国际、国外标准的程度（用符号表示）	采用的或相应的国际、国外标准号	备注（原标准名称/标准号）
1	渔网网目尺寸测量方法	GB/T 6964—2010	推荐性			GB/T 6964—1986
2	渔具阻力参数测试方法	SC/T ××××	推荐性			
3	拖网、张网网口高度参数测试方法	SC/T ××××	推荐性			
4	渔具运动速度参数测试方法	SC/T ××××	推荐性			
5	拖曳渔具选择性试验方法	SC/T ××××	推荐性			

表 2-6　304.04.03 工作类标准

序号	标准名称	标准编号	宜定级别	采用国际、国外标准的程度（用符号表示）	采用的或相应的国际、国外标准号	备注（原标准名称/标准号）
1	主要渔具制作　网衣缩结	SC/T 4003—2000	推荐性			GB 6637—1986
2	主要渔具制作　网片剪裁和计算	SC/T 4004—2000	推荐性			GB 6638—1986
3	主要渔具制作　网片缝合与装配	SC/T 4005—2000	推荐性			GB 6639—1986
4	渔具绳索连接形式及技术要求	SC/T ××××	推荐性			

二、我国渔具门类通用标准

我国渔具门类通用标准如表2-7至表2-16所示。

表2-7　404.04.01　拖网

序号	标准名称	标准编号	宜定级别	采用国际、国外标准的程度（用符号表示）	采用的或相应的国际、国外标准号	备注（原标准名称/标准号）
1	双船底拖网渔具装配方法	SC/T 4012—1995	推荐性			
2	拖网模型水池试验方法	SC/T 4011—1995	推荐性			
3	拖网模型制作方法	SC/T 4014—1997	推荐性			
4	东海、黄海区拖网网囊最小网目尺寸	GB 11779—2005	推荐性			
5	南海区拖网网囊最小网目尺寸	GB 11780—2005	推荐性			
6	东海区虾拖网网囊最小网目尺寸	SC/T 4029—2016	推荐性			
7	拖网渔具通用技术要求 第1部分：网衣	SC/T 4050.1—2018	推荐性			
8	拖网渔具通用技术要求 第2部分：浮子	SC/T 4050.2—2018	推荐性			
9	单船底拖网渔具装配方法	SC/T ××××	推荐性			
10	单船中层拖网渔具装配方法	SC/T ××××	推荐性			
11	桁拖网渔具装配方法	SC/T ××××	推荐性			
12	桁拖网网囊最小网目尺寸	SC/T ××××	推荐性			
13	南海区虾拖网网囊最小网目尺寸	SC/T ××××	推荐性			
14	鱼拖网网囊最小网目尺寸	SC/T ××××	推荐性			
15	东海区桁拖网网囊最小网目尺寸	SC/T ××××	推荐性			

表 2-8　404.04.02　围网

序号	标准名称	标准编号	宜定级别	采用国际、国外标准的程度（用符号表示）	采用的或相应的国际、国外标准号	备注（原标准名称/标准号）
1	围网渔具装配方法	SC/T ××××	推荐性			
2	围网渔具设计规范	SC/T ××××	推荐性			
3	无囊围网网目尺寸	SC/T ××××	推荐性			
4	无囊围网主要参数及技术要求	SC/T ××××	推荐性			
5	围网沉降速度参数测试方法	SC/T ××××	推荐性			
6	无囊围网模型水池试验方法	SC/T ××××	推荐性			
7	无囊围网模型制作方法	SC/T ××××	推荐性			
8	围网取鱼部最小网目尺寸	SC/T ××××	推荐性			

表 2-9　404.04.03　刺网

序号	标准名称	标准编号	宜定级别	采用国际、国外标准的程度（用符号表示）	采用的或相应的国际、国外标准号	备注（原标准名称/标准号）
1	刺网最小网目尺寸 银鲳	SC/T 4008—2016	推荐性			
2	刺网渔具主要参数及技术要求	SC/T ××××	推荐性			
3	刺网渔具设计规范	SC/T ××××	推荐性			
4	刺网渔具装配方法	SC/T ××××	推荐性			
5	刺网模型制作方法	SC/T ××××	推荐性			
6	刺网模型水池试验方法	SC/T ××××	推荐性			

表 2-10　404.04.04　钓渔具

序号	标准名称	标准编号	宜定级别	采用国际、国外标准的程度（用符号表示）	采用的或相应的国际、国外标准号	备注（原标准名称/标准号）
1	金枪鱼延绳钓渔具装配技术要求	SC/T ××××	推荐性			
2	鱿鱼钓渔具装配技术要求	SC/T ××××	推荐性			
3	鱿鱼钓钓线	SC/T ××××	推荐性			
4	竿钓渔具结构及装配技术要求	SC/T ××××	推荐性			

（续）

序号	标准名称	标准编号	宜定级别	采用国际、国外标准的程度（用符号表示）	采用的或相应的国际、国外标准号	备注（原标准名称/标准号）
5	金枪鱼钓绳（支绳、干绳）	SC/T ××××	推荐性			
6	金枪鱼钓浮球	SC/T ××××	推荐性			
7	金枪鱼钓钩	SC/T ××××	推荐性			
8	金枪鱼钓接绳器	SC/T ××××	推荐性			
9	金枪鱼钓转环	SC/T ××××	推荐性			
10	钓鱼竿	SC/T ××××	推荐性			
11	钓钩尺寸系列	SC/T ××××	推荐性			
12	延绳钓渔具结构及装配技术要求	SC/T ××××	推荐性			

表 2-11 404.04.05 张网

序号	标准名称	标准编号	宜定级别	采用国际、国外标准的程度（用符号表示）	采用的或相应的国际、国外标准号	备注（原标准名称/标准号）
1	有翼张网网囊最小网目尺寸	SC 4013—1995	推荐性			
2	张网网具结构及装配技术要求	SC/T ××××	推荐性			
3	建网网具结构及装配技术要求	SC/T ××××	推荐性			

表 2-12 404.04.06 地拉网

序号	标准名称	标准编号	宜定级别	采用国际、国外标准的程度（用符号表示）	采用的或相应的国际、国外标准号	备注（原标准名称/标准号）
1	地拉网网具结构及装配技术要求	SC/T ××××	推荐性			
2	冰下地拉网网具结构及装配技术要求	SC/T ××××	推荐性			

表 2 - 13　404.04.07 笼壶

序号	标准名称	标准编号	宜定级别	采用国际、国外标准的程度（用符号表示）	采用的或相应的国际、国外标准号	备注（原标准名称/标准号）
1	蟹笼通用技术要求	SC/T ××××	推荐性			待发布
2	蟹笼	SC/T ××××	推荐性			
3	鱼笼结构及装配技术要求	SC/T ××××	推荐性			

表 2 - 14　404.04.08 网箱

序号	标准名称	标准编号	宜定级别	采用国际、国外标准的程度（用符号表示）	采用的或相应的国际、国外标准号	备注（原标准名称/标准号）
1	淡水网箱技术条件	SC/T 5027—2006	推荐性			
2	浮绳式网箱	SC/T 4024—2011	推荐性			
3	水产养殖网箱名词术语	SC/T 6049—2011	推荐性			
4	高密度聚乙烯框架铜合金网衣网箱通用技术条件	SC/T 4030—2016	推荐性			
5	养殖网箱浮架技术条件高密度聚乙烯管	SC/T 4025—2016	推荐性			
6	浮式金属框架网箱通用技术要求	SC/T 5024—2017	推荐性			
7	海水普通网箱通用技术要求	SC/T 4044—2018	推荐性			
8	水产养殖网箱浮筒通用技术要求	SC/T 4045—2018	推荐性			
9	高密度聚乙烯框架深水网箱通用技术要求	SC/T 4041—2018	推荐性			
10	移动式网箱通用技术要求	SC/T ××××	推荐性			
11	浮式网箱通用技术要求	SC/T ××××	推荐性			
12	沉式网箱通用技术要求	SC/T ××××	推荐性			
13	升降式网箱通用技术要求	SC/T ××××	推荐性			
14	海水网箱通用技术要求	SC/T ××××	推荐性			
15	内湾网箱通用技术要求	SC/T ××××	推荐性			
16	深水网箱通用技术要求第1部分：框架系统	SC/T 4048.1—2018	推荐性			
17	深水网箱通用技术要求第2部分：网衣	SC/T 4048.2	推荐性			
18	深水网箱通用技术要求第3部分：纲索	SC/T 4048.3	推荐性			

（续）

序号	标准名称	标准编号	宜定级别	采用国际、国外标准的程度（用符号表示）	采用的或相应的国际、国外标准号	备注（原标准名称/标准号）
19	塑胶渔排通用技术要求	SC/T 4017	推荐性			
20	黄鳝网箱通用技术要求	SC/T ××××	推荐性			
21	网箱框架结构及装配技术要求	SC/T ××××	推荐性			
22	浮筒式框架结构及装配技术要求	SC/T ××××	推荐性			
23	浮体框架式结构及装配技术要求	SC/T ××××	推荐性			
24	海水沉式框架结构及装配技术要求	SC/T ××××	推荐性			
25	海水自动升降框架结构及装配技术要求	SC/T ××××	推荐性			
26	网箱防污损涂料禁用物质	SC/T ××××	推荐性			
27	网箱防污损涂料有毒有害物质限量	SC/T ××××	推荐性			

表 2-15 404.04.09 敷网

序号	标准名称	标准编号	宜定级别	采用国际、国外标准的程度（用符号表示）	采用的或相应的国际、国外标准号	备注（原标准名称/标准号）
1	灯诱敷网网具结构及装配技术要求	SC/T ××××	推荐性			
2	敷网类（各种罾网）最小网目尺寸	SC ××××	强制性			

表 2-16 404.04.10 渔具属具

序号	标准名称	标准编号	宜定级别	采用国际、国外标准的程度（用符号表示）	采用的或相应的国际、国外标准号	备注（原标准名称/标准号）
1	2.3 m^2 双叶片椭圆形网板	SC/T 4007—1987	推荐性			
2	2.5 m^2 椭圆形曲面开缝网板	SC/T 4016—2003	推荐性			
3	2.5 m^2 V 型网板	SC/T 5033—2006	推荐性			

三、我国渔具个性标准

我国渔具个性标准如表 2-17 至表 2-26 所示。

表 2-17　504-04-01　拖网

序号	标准编号	标准名称	宜定级别	备注
1	GB/T ××××	单船框架拖网	推荐性	
2	GB/T ××××	单船多囊拖网	推荐性	
3	GB/T ××××	单船有袖单囊拖网	推荐性	
4	GB/T ××××	双船有袖单囊拖网	推荐性	
5	GB/T ××××	单船桁杆拖网	推荐性	
6	GB ××××	双船多囊拖网	强制性	
7	SC/T ××××	单船底拖网	推荐性	
8	SC/T ××××	双船底拖网	推荐性	
9	SC/T ××××	拖虾网	推荐性	
10	SC/T ××××	单船中层拖网	推荐性	
11	SC/T ××××	双船中层拖网	推荐性	
12	SC/T ××××	臂架拖网	推荐性	

表 2-18　504-04-02　围网

序号	标准编号	标准名称	宜定级别	备注
1	GB ××××	单船无囊围网	强制性	
2	GB ××××	双船无囊围网	强制性	
3	GB ××××	双船有囊围网	强制性	
4	GB/T ××××	单船有囊围网	推荐性	
5	GB/T ××××	手操无囊围网	推荐性	
6	SC/T ××××	机轮灯光围网	推荐性	

表 2-19　504-04-03　刺网

序号	标准编号	标准名称	宜定级别	备注
1	SC/T 4008—2016	流刺网最小网目尺寸　银鲳	推荐性	
2	SC/T 4026—2016	流刺网最小网目尺寸　小黄鱼	推荐性	
3	GB ××××	定置单片刺网	强制性	
4	GB ××××	漂流单片刺网	强制性	
5	GB ××××	漂流无下纲刺网	强制性	
6	GB/T ××××	定置双重刺网	推荐性	

（续）

序号	标准编号	标准名称	宜定级别	备注
7	GB/T ××××	漂流双重刺网	推荐性	
8	GB/T ××××	定置三重刺网	推荐性	
9	GB/T ××××	漂流三重刺网	推荐性	
10	GB/T ××××	框格刺网	推荐性	
11	SC/T ××××	三重刺网	推荐性	
12	SC/T ××××	鲐鱼流刺网	推荐性	
13	SC/T ××××	金线鱼流刺网	推荐性	

表 2-20　504-04-04　钓具

序号	标准编号	标准名称	宜定级别	备注
1	SC/T 4015—2002	柔鱼钓钩	推荐性	
2	GB ××××	定置延绳真饵单钩钓	强制性	
3	GB ××××	漂流延绳真饵单钩钓	强制性	
4	GB ××××	垂钓真饵单钩钓	强制性	
5	GB ××××	垂钓真饵复钩钓	强制性	
6	GB ××××	曳绳拟饵单钩钓	强制性	
7	GB ××××	垂钓拟饵复钩钓	强制性	
8	GB ××××	漂流延绳拟饵复钩	强制性	
9	SC/T ××××	碳纤维钓鱼竿	推荐性	
10	SC/T ××××	金枪鱼钓钩	推荐性	

表 2-21　504-04-05　张网

序号	标准编号	标准名称	宜定级别	备注
1	GB/T ××××	双锚单片张网	推荐性	
2	GB/T ××××	多锚单片张网	推荐性	
3	GB/T ××××	多桩竖杆张网	推荐性	
4	GB/T ××××	樯张张纲张网	推荐性	
5	GB/T ××××	樯张有翼单囊张网	推荐性	
6	GB/T ××××	双锚竖杆张网	推荐性	
7	GB/T ××××	并列张纲张网	推荐性	
8	GB/T ××××	双锚单片张网	推荐性	
9	GB/T ××××	多锚单片张网	推荐性	
10	GB/T ××××	多桩竖杆张网	推荐性	
11	GB/T ××××	樯张张纲张网	推荐性	

（续）

序号	标准编号	标准名称	宜定级别	备注
12	GB/T××××	樯张有翼单囊张网	推荐性	
13	GB/T××××	双锚竖杆张网	推荐性	
14	GB/T××××	并列张纲张网	推荐性	
15	GB/T××××	双锚单片张网	推荐性	
16	GB/T××××	多锚单片张网	推荐性	
17	GB/T××××	多桩竖杆张网	推荐性	
18	GB/T××××	樯张张纲张网	推荐性	
19	GB/T××××	樯张有翼单囊张网	推荐性	
20	GB/T××××	双锚竖杆张网	推荐性	
21	GB/T××××	并列张纲张网	推荐性	
22	GB/T××××	双锚单片张网	推荐性	
23	GB/T××××	多锚单片张网	推荐性	
24	SC/T××××	帆张网网囊最小网目尺寸	推荐性	

表 2－22　504－04－06　地拉网

序号	标准编号	标准名称	宜定级别	备注
1	GB××××	船布有翼单囊地拉网	强制性	

表 2－23　504－04－07　笼壶

序号	标准编号	标准名称	宜定级别	备注
1	SC/T××××	蟹笼通用技术要求	推荐性	
2	GB××××	漂流延绳弹夹笼	强制性	
3	GB××××	定置延绳洞穴壶	强制性	
4	GB××××	定置延绳倒须笼	强制性	
5	GB××××	散布倒须笼	强制性	
6	GB/T××××	定置串联倒须笼	推荐性	
7	SC/T××××	蟹笼通用技术要求	推荐性	已报批
8	SC/T××××	虾笼	推荐性	
9	SC/T××××	鱼笼	推荐性	
10	SC/T××××	乌贼笼	推荐性	
11	SC/T××××	螺笼	推荐性	
12	SC/T××××	螺笼最小网目尺寸	推荐性	
13	SC/T××××	蟹笼最小网目尺寸	推荐性	
14	SC/T××××	鱼笼最小网目尺寸	推荐性	

表 2 - 24   504 - 04 - 08   网箱

序号	标准编号	标准名称	宜定级别	备注
1	SC/T ××××	近岸传统网箱	推荐性	
2	SC/T ××××	高密度聚乙烯框架深水网箱	推荐性	
3	SC/T ××××	金属框架深水网箱	推荐性	
4	SC/T ××××	浮绳式网箱	推荐性	
5	SC/T ××××	淡水网箱	推荐性	
6	SC/T ××××	海水网箱	推荐性	
7	SC/T ××××	海水浮体框架式养殖网箱	推荐性	
8	SC/T ××××	海水沉式养殖网箱	推荐性	
9	SC/T ××××	浮绳式养殖网箱	推荐性	
10	SC/T ××××	海水自动升降型养殖网箱	推荐性	
11	SC/T ××××	蝶形网箱	推荐性	
12	SC/T ××××	深远海网箱	推荐性	
13	GB/T 或 SC/T ××××	深远海渔场	推荐性	

表 2 - 25   504 - 04 - 09   敷网

序号	标准编号	标准名称	宜定级别	备注
1	GB ××××	船敷箕状敷网	强制性	
2	GB ××××	船敷撑架敷网	强制性	
3	GB ××××	手敷撑架敷网	强制性	
4	GB/T ××××	岸敷撑架敷网	推荐性	
5	GB/T ××××	漂流多层帘式敷具	推荐性	
6	GB ××××	漂流延绳束状敷网	强制性	

表 2 - 26   504 - 04 - 10   渔具属具

序号	标准编号	标准名称	宜定级别	备注
1	SC/T ××××	椭圆形网板	推荐性	

第四节   我国渔具材料标准体系表

我国渔具材料标准体系包括渔具材料专业通用标准、渔具材料产品门类通用标准和渔具材料产品个性标准，现简述如下。

一、我国渔具材料专业通用标准

我国渔具材料专业通用标准如表 2 - 27 所示。

表 2 - 27　304 - 05 - 01　基础性标准

序号	标准名称	标准编号	宜定级别	采用国际、国外标准的程度（用符号表示）	采用的或相应的国际、国外标准号	备注（原标准名称/标准号）
1	渔具材料试验基本条件 标准大气	SC/T 5014—2002	推荐性			
2	渔具材料抽样方法及合格批判定规则　合成纤维丝、线	SC/T 5023—2002	推荐性			
3	渔具材料抽样方法及合格批判定规则　合成纤维绳	SC/T 5024—2002	推荐性			
4	渔具材料试验基本条件 预加张力	GB/T 6965—2004	推荐性			GB 6965—1986
5	渔具、渔具材料量、单位及符号	GB/T 6963—2006	推荐性			GB/T 6963—1986
6	渔具材料基本术语	SC/T 5001—2014	推荐性			SC 5001—1995

二、我国渔具材料产品门类通用标准

我国渔具材料产品门类通用标准如表 2 - 28 至表 2 - 33 所示。

表 2 - 28　404 - 05 - 01　渔用合成纤维

序号	标准名称	标准编号	宜定级别	采用国际、国外标准的程度	采用的或相应的国际、国外标准号	备注（原标准号）
1	化学纤维　长丝线密度试验方法	GB/T 14343—2008	推荐性			GB/T 14343—2003
2	化学纤维　长丝拉伸性能试验方法	GB/T 14344—2008	推荐性			GB/T 14344—2003
3	化学纤维　长丝取样方法	GB/T 6502—2008	推荐性			GB/T 6502—2001
4	化学纤维　长丝捻度试验方法	GB/T 14345—2008	推荐性			GB/T 14345—2003
5	纤维粗度的测定	GB/T 18829.6—2002	推荐性			
6	渔用聚丙烯纤维通用技术要求	SC/T 4042—2018	推荐性			

表 2 - 29　404 - 05 - 02　渔网线

序号	标准名称	标准编号	宜定级别	采用国际、国外标准的程度	采用的或相应的国际、国外标准号	备注（原标准号）
1	主要渔具材料命名与标记　网线	GB/T 3939.1—2004	推荐性	等同采用	ISO 858	GB/T 3939—1983
2	渔网　网线断裂强力和结节断裂强力的测定	SC/T 4022—2007	推荐性			
3	渔网　网线伸长率的测定	SC/T 4023—2007	推荐性			
4	渔网　网线直径和线密度的测定	SC/T 4028—2016	推荐性			
5	合成纤维渔网线试验方法	SC/T 4039—2018	推荐性			SC 110—1983
6	合成纤维渔网线老化性能试验方法	SC/T ××××	推荐性			
7	合成纤维渔网线柔性试验方法	SC/T ××××	推荐性			

表 2 - 30　404 - 05 - 03　渔网片

序号	标准名称	标准编号	宜定级别	采用国际、国外标准的程度	采用的或相应的国际、国外标准号	备注（原标准号）
1	渔用机织网片	GB/T 18673—2002	推荐性			
2	主要渔具材料名命标记网片	GB/T 3939.2—2004	推荐性			
3	合成纤维渔网片试验方法　网片重量	GB/T 19599.1—2004	推荐性			
4	合成纤维渔网片试验方法　网片尺寸	GB/T 19599.2—2004	推荐性			
5	渔网　网目断裂强力的测定	GB/T 21292—2007	推荐性			
6	渔网　有结网片的特征和标示	SC/T 4020—2007	推荐性			
7	渔网　合成纤维网片断裂强力与断裂伸长率试验方法	GB/T 4925—2008	推荐性			
8	渔网网目尺寸测量方法	GB/T 6964—2010	推荐性			
9	合成纤维渔网　结牢度试验方法	SC/T 5019—1988	推荐性			

表 2-31　404-05-04　绳索

序号	标准名称	标准编号	宜定级别	采用国际、国外标准的程度（用符号表示）	采用的或相应的国际、国外标准号	备注（原标准号）
1	主要渔具材料命名与标记　绳索	GB/T 3939.3—2004	推荐性	修改采用	ISO 1140	
2	纤维绳索　通用要求	GB/T 21328—2007	推荐性	修改采用	ISO 9954	
3	绳索和绳索制品　系船用的天然绳索与化学绳索之间的等效性	GB/T 11789—2007	推荐性			
4	纤维绳索　有关物理和机械性能的测定	GB/T 8834—2016	推荐性	等同采用	ISO 2307	
5	渔网绳索通用技术条件	GB/T 18674—2018	推荐性			GB/T 18674—2002

表 2-32　404-05-05　渔用浮子

序号	标准名称	标准编号	宜定级别	采用国际、国外标准的程度（用符号表示）	采用的或相应的国际、国外标准号	备注（原标准号）
1	主要渔具材料命名与标记　浮子	GB/T 3939.4—2004	推荐性			GB/T 3942—1983
2	塑料浮子试验方法　硬质球形	SC/T 5002—2009	推荐性			SC/T 5002—1995
3	塑料浮子试验方法　硬质泡沫	SC/T 5003—2002	推荐性			
4	水产养殖网箱浮筒通用技术要求	SC/T 4045—2018	推荐性			

表 2-33　404-05-06　渔用沉子

序号	标准名称	标准编号	宜定级别	采用国际、国外标准的程度	采用的或相应的国际、国外标准号	备注（原标准号）
1	主要渔具材料命名与标记　沉子	GB/T 3939.5—2004	推荐性			
2	渔用沉子基本参数及尺寸系列	SC/T ××××	推荐性			
3	渔用沉子试验方法	SC/T ××××	推荐性			

三、我国渔具材料产品个性标准

我国渔具材料产品个性标准如表 2-34 至表 2-40 所示。

表 2-34 504-05-01 渔用合成纤维

序号	标准名称	标准编号	宜定级别	采用国际、国外标准的程度	采用的或相应的国际、国外标准号	备注（原标准号）
1	聚酰胺单丝	GB/T 21032—2007	推荐性			SC 5004—1989
2	渔用聚乙烯单丝	SC/T 5005—2014	推荐性			SC/T 5005—1988
3	渔用锦纶 6 单丝试验方法	SC/T 5015—1989	推荐性			
4	超高分子量聚乙烯纤维	GB/T 29554—2013	推荐性			
5	渔用聚丙烯纤维通用技术要求	SC/T 4042—2018	推荐性			
6	渔用聚酯纤维通用技术要求	SC/T ××××	推荐性			
7	渔用聚酰胺复丝通用技术要求	SC/T ××××	推荐性			

表 2-35 504-05-02 渔网线标准

序号	标准名称	标准编号	宜定级别	采用国际、国外标准的程度	采用的或相应的国际、国外标准号	备注（原标准号）
1	聚乙烯网线	SC/T 5007—2011	推荐性			SC 141—1985
2	聚乙烯-聚乙烯醇网线混捻型	SC/T 4019—2006	推荐性			
3	高强度聚乙烯渔网线	SC/T 5029—2006	推荐性			
4	聚酰胺网线	SC/T 5006—2014	推荐性			SC 109—1983
5	渔用聚乙烯编织线	SC/T 4027—2016	推荐性			
6	渔用超高分子量聚乙烯网线通用技术条件	SC/T 4046—2019	推荐性			
7	聚丙烯网线	SC/T ××××	推荐性			
8	聚酯网线	SC/T ××××	推荐性			
9	聚乙烯醇-聚酯网线	SC/T ××××	推荐性			
10	聚乙烯醇-聚酯-聚乙烯网线	SC/T ××××	推荐性			

（续）

序号	标准名称	标准编号	宜定级别	采用国际、国外标准的程度	采用的或相应的国际、国外标准号	备注（原标准号）
11	远洋渔业用聚乙烯网线	SC/T ××××	推荐性			
12	聚丙烯-聚乙烯网线	SC/T ××××	推荐性			

表 2 - 36　504 - 05 - 03　渔网片

序号	标准名称	标准编号	宜定级别	采用国际、国外标准的程度	采用的或相应的国际、国外标准号	备注（原标准号）
1	聚酰胺单丝机织网片 单线双死结型	SC/T 5026—2006	推荐性			
2	聚酰胺复丝机织网片 单线单死结型	SC/T 5028—2006	推荐性			
3	聚乙烯网片　绞捻型	SC/T 5031—2014	推荐性			SC/T 5031—2006
4	聚乙烯网片　经编型	SC/T 5021—2017	推荐性			SC/T 5021—2002
5	超高分子量聚乙烯网片 经编型	SC/T 5022—2017	推荐性			
6	渔用聚酰胺经编网通用技术要求	SC/T 4066—2017	推荐性			
7	渔用聚酯经编网通用技术要求	SC/T 4043—2018	推荐性			
8	超高分子量聚乙烯网片 绞捻型	SC/T 4049—2018	推荐性			
9	聚乙烯网片　平织型	SC/T ××××	推荐性			
10	聚乙烯网片　插捻型	SC/T ××××	推荐性			
11	聚酰胺网片　绞捻型	SC/T ××××	推荐性			
12	聚酯网片　单线单死结型	SC/T ××××	推荐性			
13	聚酯网片　绞捻型	SC/T ××××	推荐性			
14	超高分子量聚乙烯网片（单死结型、双死结型）	SC/T ××××	推荐性			
15	聚乙烯网片　双线单死结型	SC/T ××××	推荐性			
16	低压聚乙烯双向牵伸网片	SC/T ××××	推荐性			

表 2 - 37　504 - 05 - 04　绳索

序号	标准名称	标准编号	宜定级别	采用国际、国外标准的程度	采用的或相应的国际、国外标准号	备注（原标准号）
1	聚酰胺绳	SC/T 5011—2014	推荐性	等同采用	ISO 1140	
2	渔用高强度三股聚乙烯单丝绳索	SC/T 4021—2007	推荐性			
3	剑麻白棕绳	GB/T 15029—2009	推荐性			
4	超高分子量聚乙烯纤维8股、12股编绳和复编绳索	GB/T 30688—2014	推荐性	等同采用		
5	混合聚烯烃纤维绳索	FZ/T 63020—2013	推荐性	等同采用		
6	聚酯与聚烯烃双纤维绳索	GB/T 30667—2014	推荐性	修改采用		
7	聚丙烯裂膜夹钢丝绳	SC/T 5017—2016	推荐性			SC/T 5017—1997
8	纤维绳索 聚丙烯裂膜、单丝、复丝（PP2）和高强度复丝（PP3）3、4、8、12股绳索	GB/T 8050—2017	推荐性	等同采用		GB/T 8050—2007
9	纤维绳索 聚酯 3股、4股、8股和12股绳索	GB/T 11787—2017	推荐性	等同采用		GB/T 11787—2007
10	渔用绳索通用技术条件	GB/T 18674—2018	推荐性			
11	三股聚酰胺帘子线绳	SC/T ××××	推荐性			
12	八股聚酰胺帘子线绳	SC/T ××××	推荐性			
13	聚乙烯夹钢丝绳	SC/T ××××	推荐性			
14	六股聚酰胺混合绳	SC/T ××××	推荐性			
15	聚烯烃绳	GB/T ××××	推荐性			
16	三股聚乙烯醇绳	SC/T ××××	推荐性			
17	三股聚乙烯单丝绳	SC/T ××××	推荐性			
18	八股聚酰胺编绞绳	SC/T ××××	推荐性			
19	聚丙烯-聚乙烯绳 混融型	GB/T ××××	推荐性			
20	聚乙烯编织绳	SC/T ××××	推荐性			
21	八股聚酰胺编绞绳	SC/T ××××	推荐性			
22	渔业用热镀锌圆胶合网丝绳	SC/T ××××	推荐性			

表 2 - 38　504 - 05 - 05　渔用浮子

序号	标准名称	标准编号	宜定级别	采用国际、国外标准的程度	采用的或相应的国际、国外标准号	备注（原标准号）
1	泡沫塑料浮子　聚氯乙烯球形	SC/T 5009—1995	推荐性			SC/T 5009—1988
2	塑料浮子试验方法　硬质泡沫	SC/T 5003—2002	推荐性			
3	刺网用硬质塑料浮子	SC/T 5025—2006	推荐性			
4	塑料浮子试验方法　硬质球形	SC/T 5002—2009	推荐性			
5	泡沫塑料浮子　聚氯乙烯圆柱形	SC/T ××××	推荐性			
6	硬质塑料浮子　耳环球形	SC/T ××××	推荐性			
7	硬质塑料浮子　串心球形	SC/T ××××	推荐性			

表 2 - 39　504 - 05 - 06　渔用沉子

序号	标准名称	标准编号	宜定级别	采用国际、国外标准的程度	采用的或相应的国际、国外标准号	备注（原标准号）
1	橡胶沉子	SC/T ××××	推荐性			
2	塑料沉子	SC/T ××××	推荐性			
3	UB 型渔用复合沉子	SC/T ××××	推荐性			
4	镀锌铁链	SC/T ××××	推荐性			
5	锚链	SC/T ××××	推荐性			

表 2 - 40　504 - 05 - 07　渔用属具

序号	标准名称	标准编号	宜定级别	采用国际、国外标准的程度（用符号表示）	采用的或相应的国际、国外标准号	备注（原标准号）
1	塑料鱼箱	SC 5010—1997	强制性			SC 116—1983
2	渔船用安全带	SC ××××	强制性			
3	渔船用安全带试验方法	SC/T ××××	推荐性			
4	救生衣用安全带	SC ××××	强制性			
5	救生筏用安全带	SC ××××	强制性			
6	渔用吊带（索）	SC/T ××××	推荐性			

第 三 章

我国水产养殖网箱标准体系

标准是经济活动和社会发展的技术支撑,是国家治理体系和治理能力现代化的基础性制度。2015 年 3 月 11 日,国务院印发《深化标准化工作改革方案》,部署改革标准体系和标准化管理体制,改进标准制定工作机制,强化标准的实施与监督,更好发挥标准化在推进国家治理体系和治理能力现代化中的基础性、战略性作用,促进经济持续健康发展和社会全面进步。

第一节 我国水产综合标准体系表的编制 依据、原则与流程

我国渔具及渔具材料标准体系隶属于水产标准化技术体系,而水产养殖网箱标准体系又隶属于渔具及渔具材料标准体系,水产标准化技术体系组织结构如图 2-1 所示。

一、水产综合标准体系表的编制依据

按照 GB/T 13016—2009 的规定,渔具及渔具材料分技委于 2015 年制定了 2015 年版的渔具及渔具材料标准体系表。我国渔具及渔具材料标准体系框架如图 2-2 所示。水产综合标准体系研究参照 GB/T 13016—2009 和 GB/T 12366—2009 有关要求开展。在标准体系研究和构建过程中,既不能完全依据 GB/T 13016—2009 有关要求,也不能完全按照 GB/T 12366—2009 要求去做。因为在 GB/T 13016—2009 中,标准体系的层次结构是按照全国、行业、专业划分(图 3-1),而涉及多个行业产品时,按照行业、专业和产品划分(图 3-2)。

我国现行水产行业标准体系就是依据上述模式构建的,按专业领域分为淡水养殖、海水养殖、水产品加工、渔具和渔具材料、渔业机械仪器、渔业资源、观赏鱼、珍珠以及水生动物防疫等。各专业根据本领域管理和产业发展需求分别构建了标准体系,但在遇到行业管理具体事项,需要标准化提供技术支撑时,各相关专业标准组合在一起,发现标准的配套性差,难以协同发挥作用,满足不了行业管理需求。如渔具及渔具材料的网箱管理涉及渔具及渔具材料(编者注:网箱主体部分)、水产养殖技术(编者注:网箱相关养成品

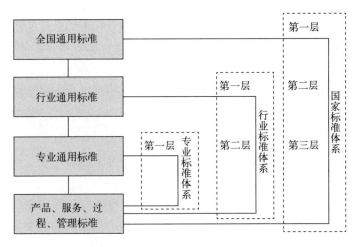

图 3-1　标准体系的层次和级别关系

注：1. 国家标准、行业标准、团体标准、地方标准、企业标准，根据标准发布机构的权威性，代表着不同标准级别；全国通用、行业通用、专业通用、产品标准，根据标准适用的领域和范围，代表标准体系的不同层次。

2. 国家标准体系的范围涵盖跨行业全国通用综合性标准、行业范围通用的标准、专业范围通用的标准，以及产品标准、服务标准、过程标准和管理标准。

3. 行业标准体系是由行业主管部门规划、建设并维护的标准体系，涵盖本行业范围通用的标准、本行业的细分一级专业（二级专业……）标准，以及产品标准、服务标准、过程标准和管理标准。

4. 团体标准是根据市场化机制由社会团体发布的标准，可能包括全国通用标准、行业通用标准、专业通用标准，以及产品标准、服务标准、过程标准或管理标准等，参见《团体标准化　第 1 部分：良好行为指南》（GB/T 20004.1—2016）。

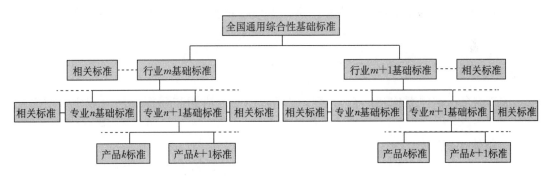

图 3-2　多行业产品的标准体系层次结构

注：1. 图内"专业 n 基础标准"表示第 m 个行业下的第 n 个专业的基础标准。

2. 图中的产品 k 标准，指第 k 个产品（或服务）标准。

养殖技术）、网箱养成品加工（编者注：网箱相关养成品加工技术）、洗网机等网箱配套装备（编者注：网箱附属部分配套装备）等多个专业的管理，各专业虽然制定了一些标准，但标准系统性、配套性和相互协调性不足，难以满足网箱产业链全面监管的需要。又如渔业资源的捕捞管理涉及渔业资源调查、允许捕捞量、捕捞渔具、捕捞作业方式以及捕捞机械设备等的管理，各专业虽然制定了一些标准，但标准系统性和配套性不足，难以满足捕捞监管的需要。为解决现行标准体系存在的问题，需要引入综合标准化的管理理念。综合标准化是"为达到确定的目标，运用系统分析方法，建立标准综合体并贯彻实施的标准化活动"。综合标准化一般具有目标性、系统性和整体最佳性等特性，现简介如下。

1. 目标性

开展综合标准化，必须有明确的目标，并通过标准综合体规划反映出来。综合标准化的目标同确定标准化对象的相关要素关系密切，即根据特定的目标，确定出必要数量的相关要素。同样的标准化对象，由于特定目标不同，则相关要素也就不一样。相关要素是根据目标来确定的，这一点在组织开展综合标准化时应当充分注意。

2. 系统性

系统性是综合标准化的基本特性，它是以具体的标准化对象的完整系统为研究的起点和终点，通过系统分析和目标分解，准确掌握系统内各项具体问题的内在联系，以保证系统总体的整体最佳效果。

3. 整体最佳性

这是推行综合标准化的基本要求，体现了综合标准化的优越性。所谓整体最佳性就是在推行综合标准化时主要考虑标准化对象系统的总效果，而不要求各相关要素单项指标最佳。按照系统工程学观点，单项最佳的综合不等于整体最佳，整体最佳也不要各相关要素都保持最佳状态。这样就为消除"功能过剩"现象提供了可能。

根据综合标准化特性，开展综合标准体系的研究需要多个相关部门与多个相关专业领域的参与，要建立协调机制。综上，在水产综合标准体系研究过程中，人们需要按照《标准体系构建原则和要求》和《综合标准化工作指南》的有关要求，结合水产标准化工作特点，努力探索水产综合标准体系构建方法，为今后开展水产综合标准体系研究探索一条新路。

二、水产综合标准体系表的编制原则

水产综合标准体系构建一般遵循整体优化、系统协调和目标导向等原则，现简述如下。

1. 整体优化原则

按照综合标准化整体最佳的特性编制水产综合标准体系表。在建立水产综合标准体系时，主要考虑标准化对象系统的总效果，而不要求各相关要素单项指标最佳。综合考虑和系统分析各种相关要素，优化调整相关要素和具体指标参数，以系统整体效益最佳为目标，寻求达到体系目标的最佳方案。

2. 系统协调原则

围绕着标准体系的目标，水产综合标准体系表应全面配套、协调统一。水产综合标准体系涉及的主要环节、要素，在分析时要系统、全面，要分清体系的边界，在分析确定体系内标准的同时，也应梳理与体系有关的相关标准，体系内的标准与相关标准应协调。现行的水产行业标准体系中有许多通用基础标准，在围绕行业管理具体事项研究构建综合标准体系时，不能与现行的基础通用标准发生冲突、产生矛盾。在构建综合标准体系时，对多个标准涉及的共性特征应提取制定成共性标准，共性标准构成标准体系中的一个层次，放在特性标准之上。

3. 目标导向原则

以目标为导向构建水产综合标准体系表，根据不同的目标，可以编制出不同的标准体系表，因此研究构建标准体系应首先明确建立标准体系的目标。体系目标不宜过大，目标太大则涉及的相关要素、部门多，根据现有管理机制，协调有困难，体系目标很难实现。在选择确定水产综合标准体系研究对象时，可根据农业农村部渔业渔政管理局的管理职责和工作要点，围绕具体管理事项展开研究，如水产养殖网箱管理、渔具准入管理、海洋牧场建设与管理、大水面增养殖管理、稻渔综合种养等。

三、水产综合标准体系表的编制流程

水产综合标准体系表的编制流程如下：

1. 资料收集、分析，走访与调研，确定标准体系目标

资料收集与分析、走访与调研是标准体系研究的前提。资料收集应包括相关的法律法规、部门规章、标准等规范性文件、国内外相关研究情况等，对收集到的资料进行研究分析，找出法律法规、部门规章等法规文件中需要标准支撑的点，只有法规文件中需要标准支撑时，才有制定标准的必要。要到相关管理部门进行走访、调研，了解研究对象涉及的主要活动或环节，通过标准需要解决的主要问题和要达到的目的等，为绘制标准体系流程图做好准备。对收集到的资料和调研结果进行汇总分析，确定标准体系目标，必要时，对目标进行分解。

2. 分析涉及的主要活动或环节，绘制标准体系流程图

分析研究对象涉及的主要活动或环节，绘制流程图和要素分析是标准体系构建的基础。流程是否完整、要素分析是否全面、准确，直接影响到体系的系统性和完整性。在前期资料收集和调研基础上，分析研究对象涉及的主要活动或环节，绘制标准体系流程框图。流程图要系统、全面，应涵盖研究对象的整个链条。如海洋牧场建设与管理，其主要目标是修复水域生态环境，养护海洋渔业资源。通过调研分析，围绕海洋牧场建设与管理的主要目标，需要选址调查、设计与建设、建后管理以及效果评价四个主要环节，各个环节分别要解决能不能建、怎么建、建后怎么管以及是否达到了预期的建设目标等问题，对每个环节可能涉及的主要活动进行细化，为下一步要素的分析做准备。

3. 列出各活动或环节涉及的主要要素

这一步要围绕拟达到的目的或拟解决的问题，详细分析要开展的工作，各项工作涉及的内容，即涉及的要素。为便于归纳分析，可以对相关要素进行列表归类。这一环节需要标准管理和相关科研团队密切配合，尤其是相关科研团队要给予足够的支撑。

4. 分析需要进行标准化的要素

分析需要进行标准化的要素一定要围绕已确定的目的和目标。目标不同，涉及的标准化对象不同，要标准化的要素就不同。要达到这一目的，就要对资料收集的内容、现场调查内容及调查方法、资料汇总分析和论证方法、投资估算方法与标准、结果判定原则以及评价报告内容等进行规范。

5. 对需标准化的要素进行归类，提取共性要素，对体系进行协调、优化

这一步是标准体系建设的关键，它直接影响到标准体系的协调性和整体优化。对需标准化的要素进行归类，提取共性要素，制定共性标准，对特性要素制定特性标准。共性标准放在特性标准的上一层次，避免重复交叉。对有些需要标准化的要素，如果已有现成的标准，可把该标准作为相关标准直接引用，如方法类标准，以简化体系。对特性标准要分析其适用的范围，根据特性标准适用范围确定其在体系中位置，以汇总完成标准明细表和标准统计表。将分析得出的标准目录按层级列入表 3-1 标准明细表中，对各层级标准进行检查，看是否重复交叉，是否有同一标准列入了不同层级。同时，对标准目录进行查新，看是否与现有标准重复。在此基础上对整个标准体系需要制定的标准数量进行统计，提出应有、现有以及还需制定的标准数量，列入标准统计表 3-2 中。

表 3-1　标准明细表

序号	标准名称	标准代号	宜定级别	国际国外标准号及采用关系	被代替标准号或作废	备注
1	……	……	……	……	……	……
2	……	……	……	……	……	……
3	……	……	……	……	……	……
4	……	……	……	……	……	……
5	……	……	……	……	……	……

表 3-2　标准统计表

标准层级	应有数（个）	现有数（个）	现有数/应有数（%）
国家标准	……	……	……
行业标准	……	……	……
地方标准	……	……	……
团体标准或企业标准	……	……	……
合计	……	……	……

6. 编写完成标准体系编制说明

标准体系研究还应对研究过程进行记录和说明，即标准体系编制说明。编制说明应如实记录标准体系的编制过程，它是审查标准体系完备性的依据。标准体系编制说明一般包括以下内容：①编制体系表的依据及要达到的目标；②国内、外标准概况；③结合统计表，分析现有标准与国际、国外标准的差距和薄弱环节，明确今后的主攻方向；④专业划分依据和划分情况；⑤与其他体系交叉情况和处理意见；⑥需要其他体系协调配套的意见；⑦其他。

第二节 我国水产养殖网箱标准体系框架

我国水产养殖网箱标准体系隶属于渔具及渔具材料标准体系。按照《标准体系表编制原则和要求》(GB/T 13016—2009)的规定,由东海所石建高研究员牵头负责的水产养殖标准体系研究课题组分别制定了繁易程度不一的水产养殖网箱标准体系框架(图3-3至图3-5)。

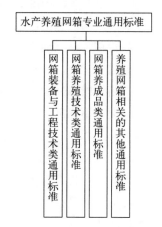

图3-3 我国水产养殖网箱标准体系框架(精简版)

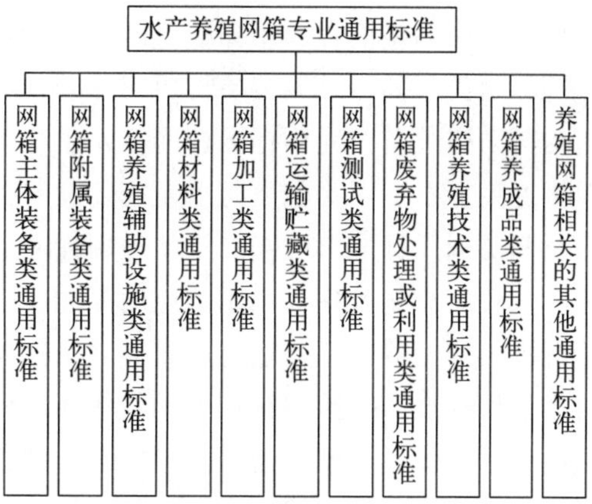

图3-4 我国水产养殖网箱标准体系框架(普通版)

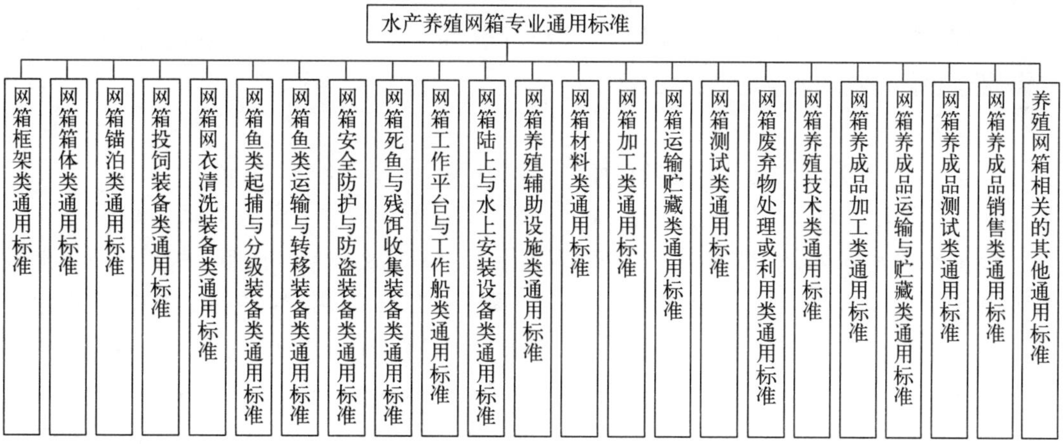

图3-5 我国水产养殖网箱标准体系框架(详细版)

由图3-3可见,精简版的我国水产养殖网箱标准体系框架主要包括网箱装备与工程技术类通用标准、网箱养殖技术类通用标准、网箱养成品类通用标准、养殖网箱相关的其他通用标准4种专业通用标准。

由图3-4可见,普通版的水产养殖网箱标准体系框架主要包括网箱主体装备类通用标准、网箱附属装备类通用标准、网箱养殖辅助设施类通用标准、网箱材料类通用标准、网箱加工类通用标准、网箱运输贮藏类通用标准、网箱测试类通用标准、网箱废弃物处理或利用类通用标准、网箱养殖技术类通用标准、网箱养成品类通用标准、养殖网箱相关的其他通用标准 11 种专业通用标准。上述普通版的水产养殖网箱标准体系框架涵盖了网箱主体装备、网箱附属装备、网箱养殖辅助设施、网箱材料、网箱加工、网箱运输贮藏、网箱测试、网箱废弃物处理或利用、网箱养殖技术、网箱养成品等网箱产业链的主要内容。

为方便读者进一步了解和研究水产养殖网箱标准体系，编者给出了详细版的水产养殖网箱标准体系框架（图 3-5）。该体系框架给出了主要包括网箱框架类通用标准、网箱箱体类通用标准、网箱锚泊类通用标准、网箱投饲装备类通用标准、网箱网衣清洗装备类通用标准、网箱鱼类起捕与分级装备类通用标准、网箱鱼类运输与转移装备类通用标准、网箱安全防护与防盗装备类通用标准、网箱死鱼与残饵收集装备类通用标准、网箱工作平台与工作船类通用标准、网箱陆上与水上安装设备类通用标准、网箱养殖辅助设施类通用标准、网箱材料类通用标准、网箱加工类通用标准、网箱运输贮藏类通用标准、网箱测试类通用标准、网箱废弃物处理或利用类通用标准、网箱养殖技术类通用标准、网箱养成品加工类通用标准、网箱养成品运输与贮藏类通用标准、网箱养成品测试类通用标准、网箱养成品销售类通用标准、养殖网箱相关的其他通用标准 23 种专业通用标准。上述详细版的水产养殖网箱标准体系框架涵盖了网箱框架、网箱箱体、网箱锚泊、网箱投饲装备、网箱网衣清洗装备、网箱鱼类起捕与分级装备、网箱鱼类运输与转移装备、网箱安全防护与防盗装备、网箱死鱼与残饵收集装备、网箱工作平台与工作船、网箱陆上与水上安装设备、网箱养殖辅助设施、网箱材料、网箱加工、网箱运输贮藏、网箱测试、网箱废弃物处理或利用、网箱养殖技术、网箱养成品加工、网箱养成品运输与贮藏、网箱养成品测试、网箱养成品销售等网箱产业链的详细内容。

第三节　我国水产养殖网箱标准体系表

我国水产养殖网箱标准体系隶属于渔具及渔具材料标准体系。按照《标准体系表编制原则和要求》（GB/T 13016—2009）的规定，参考《海水抗风浪网箱工程技术》《海水增养殖设施工程技术》《水产养殖网箱标准体系研究》《海洋渔业技术学》《海水鱼类养殖理论与技术》、渔具及渔具材料标准体系表、水产养殖网箱论著专利与标准规范等大量文献资料，东海所石建高研究员课题组开展了水产养殖网箱标准体系表研究。我国水产养殖网箱标准体系包括水产养殖网箱专业通用标准、水产养殖网箱门类通用标准和水产养殖网箱个性标准，现简述如下，供读者讨论、修改、完善或参考。

一、水产养殖网箱专业通用标准

基于普通版的水产养殖网箱标准体系框架（图 3-4），我国水产养殖网箱专业通用标准包括基础性标准、方法类标准和工作类标准（表 3-3 至表 3-5）。

表 3-3 304.04.01 基础性标准

序号	标准名称	标准编号	宜定级别	采用国际、国外标准的程度	采用的或相应的国际、国外标准号	备注（原标准号）
1	良好农业规范 第16部分：水产网箱养殖基础控制点与符合性规范	GB/T 20014.16—2013				
2	水产养殖术语	GB/T 22213—2008				
3	渔具基本术语	SC/T 4001—1995				SC 4001—1986
4	渔具材料基本术语	SC/T 5001—2014				SC 5001—1995
5	水产养殖网箱名词术语	SC/T 6049—2011				
6	水产养殖设施 名词术语	SC/T 6056—2015				
7	海水重力式网箱设计技术规范	GB/T ××××	推荐性			标准已经报批
8	网箱制图	GB/T ××××	推荐性			
9	网箱 分类、命名及代号	GB/T ××××	推荐性			
10	网箱 标记	GB/T ××××	推荐性			
11	网箱 选址要求	GB/T ××××	推荐性			
12	网箱 养殖区规划要求	GB/T ××××	推荐性			
13	网箱 设计技术规范	GB/T ××××	推荐性			
14	网箱 环保与消防要求	GB/T ××××	推荐性			
……	……	……	……	……	……	……

表 3-4 304.04.02 方法类标准

序号	标准名称	标准编号	宜定级别	采用国际、国外标准的程度	采用的或相应的国际、国外标准号	备注（原标准号）
1	渔网网目尺寸测量方法	GB/T 6964—2010				GB 6965—1986
2	渔具材料试验基本条件 预加张力	GB/T 6965—2004				
3	渔具材料试验基本条件 标准大气	SC/T 5014—2002				
4	渔具材料抽样方法及合格批判定规则 合成纤维丝、线	SC/T 5023—2002				
5	渔具材料抽样方法及合格批判定规则 合成纤维绳	SC/T 5024—2002				
6	网箱 框架系统物理和机械性能的测定	GB/T ××××	推荐性			

（续）

序号	标准名称	标准编号	宜定级别	采用国际、国外标准的程度	采用的或相应的国际、国外标准号	备注（原标准号）
7	网箱　箱体系统物理和机械性能的测定	GB/T ××××	推荐性			
8	网箱　锚泊系统物理和机械性能的测定	GB/T ××××	推荐性			
9	网箱　附属装备物理和机械性能的测定	GB/T ××××	推荐性			
10	网箱　养殖海域论证方法	GB/T ××××	推荐性			
11	网箱　养殖环境评价方法	GB/T ××××	推荐性			
12	网箱　使用周期评价方法	GB/T ××××	推荐性			
13	网箱　养殖海况测试方法	GB/T ××××	推荐性			
……	……	……	……	……	……	……

表 3－5　304.04.03　工作类标准

序号	标准名称	标准编号	宜定级别	采用国际、国外标准的程度	采用的或相应的国际、国外标准号	备注（原标准号）
1	网箱　纲索后处理	SC/T ××××	推荐性			
2	网箱　网衣后处理	SC/T ××××	推荐性			
3	网箱　网衣缩结	SC/T ××××	推荐性			
4	网箱　网片剪裁和计算	SC/T ××××	推荐性			
5	网箱　网片缝合与装配	SC/T ××××	推荐性			
6	网箱　箱体装配方法	SC/T ××××	推荐性			
7	网箱　网衣防污涂料处理方法	GB/T ××××	推荐性			
8	网箱　金属框架防腐涂层处理方法	SC/T ××××	推荐性			
9	网箱　挂网方法	SC/T ××××	推荐性			
10	网箱　纲索插接方法	SC/T ××××	推荐性			
11	网箱　纲索与属具间的连接方法	SC/T ××××	推荐性			
12	网箱　运输方法	SC/T ××××	推荐性			
13	网箱　下水、转运与锚泊方法	SC/T ××××	推荐性			
14	网箱　维修保养方法	SC/T ××××	推荐性			
15	网箱　换网方法	SC/T ××××	推荐性			

（续）

序号	标准名称	标准编号	宜定级别	采用国际、国外标准的程度	采用的或相应的国际、国外标准号	备注（原标准号）
16	网箱　×××养殖技术规范	SC/T ××××	推荐性			
17	网箱　养成品加工技术规范	SC/T ××××	推荐性			
18	网箱　废弃物处理或回收利用技术规范	GB/T ××××	推荐性			
……	……	……	……	……	……	……

二、水产养殖网箱门类通用标准

基于普通版的水产养殖网箱标准体系框架（图3-4），我国水产养殖网箱门类通用标准如表3-6至表3-16所示。

表3-6　404-04-01　网箱主体装备

序号	标准名称	标准编号	宜定级别	采用国际、国外标准的程度	采用的或相应的国际、国外标准号	备注（原标准号）
1	养殖网箱浮架技术条件　高密度聚乙烯管	SC/T 4025—2016				
2	浮绳式网箱	SC/T 4024—2011				
3	水产养殖网箱浮筒通用技术要求	SC/T 4045—2018				
4	淡水网箱技术条件	SC/T 5027—2006				
5	海水普通网箱通用技术要求	SC/T 4044—2018				
6	高密度聚乙烯框架深水网箱通用技术要求	SC/T 4041—2018				
7	浮式金属框架网箱通用技术要求	SC/T 4067—2017				
8	塑胶渔排通用技术要求	SC/T 4017				标准已经报批
9	×××式网箱（通用技术要求）	SC/T ××××	推荐性			
10	×××式深（远）海渔场（通用技术要求）	GB/T ××××	推荐性			
11	×××型深远海渔场（或养殖平台）设计要求	GB/T ××××	推荐性			
12	海水网箱通用技术要求	GB/T ××××	推荐性			

（续）

序号	标准名称	标准编号	宜定级别	采用国际、国外标准的程度	采用的或相应的国际、国外标准号	备注（原标准号）
13	金属框架深水网箱（通用技术要求）	SC/T ××××	推荐性			
14	深水网箱通用技术要求	GB/T ××××	推荐性			
15	深远海网箱通用技术要求	GB/T ××××	推荐性			
16	木质（框架）网箱通用技术要求	SC/T ××××	推荐性			
17	毛竹（框架）网箱通用技术要求	SC/T ××××	推荐性			
18	钢丝网水泥（框架）网箱通用技术要求	SC/T ××××	推荐性			
19	钢管（框架）网箱通用技术要求	SC/T ××××	推荐性		……	……
20	×××网衣网箱通用技术要求	SC/T ××××	推荐性			
21	×××固泊网箱通用技术要求	SC/T ××××	推荐性			
22	锚张式网箱通用技术要求	SC/T ××××	推荐性			
23	重力式网箱通用技术要求	SC/T ××××	推荐性			
24	强力浮式网箱通用技术要求	SC/T ××××	推荐性			
25	张力腿网箱通用技术要求	SC/T ××××	推荐性			
26	箱体×××式网箱	SC/T ××××	推荐性			
27	××鱼网箱	SC/T ××××	推荐性			
28	海参网箱	SC/T ××××	推荐性			
29	鲍鱼网箱	SC/T ××××	推荐性			
30	藻类网箱	SC/T ××××	推荐性			
31	××型网箱	SC/T ××××	推荐性			
32	×××网箱平台（通用技术要求）	SC/T ××××	推荐性			
33	×××网箱 框架系统	SC/T ××××	推荐性			
34	×××网箱 箱体系统	SC/T ××××	推荐性			
35	×××网箱 锚泊系统	SC/T ××××	推荐性			
36	×××网箱 框架系统与箱体系统间的连接方法	SC/T ××××	推荐性			
37	×××网箱 箱体网衣最小网目尺寸	SC/T ××××	推荐性			
……	……	……	……	……	……	……

表 3－7 404－04－02 网箱附属装备

序号	标准名称	标准编号	宜定级别	采用国际、国外标准的程度	采用的或相应的国际、国外标准号	备注（原标准号）
1	网箱 投饲装备	SC/T ××××	推荐性			
2	网箱 网衣清洗装备	SC/T ××××	推荐性			
3	网箱 鱼类起捕装备	SC/T ××××	推荐性			
4	网箱 鱼类分级装备	SC/T ××××	推荐性			
5	网箱 鱼类运输装备	SC/T ××××	推荐性			
6	网箱 饵料存储设施	SC/T ××××	推荐性			
7	网箱 安全防护设施	SC/T ××××	推荐性			
8	网箱 安全防盗设施	SC/T ××××	推荐性			
9	网箱 死鱼收集装备	SC/T ××××	推荐性			
10	网箱 残饵收集装备	SC/T ××××	推荐性			
11	网箱 工作平台	SC/T ××××	推荐性			
12	网箱 工作船	SC/T ××××	推荐性			
13	网箱 陆上安装设备	SC/T ××××	推荐性			
14	网箱 水上安装设备	SC/T ××××	推荐性			
15	网箱 养殖辅助设施	SC/T ××××	推荐性			
……	……	……	……	……	……	……

表 3－8 404－04－03 网箱养殖辅助设施

序号	标准名称	标准编号	宜定级别	采用国际、国外标准的程度	采用的或相应的国际、国外标准号	备注（原标准号）
1	网箱 警示灯	SC/T ××××	推荐性			
2	网箱 挡流设施	SC/T ××××	推荐性			
3	网箱 消浪设施	SC/T ××××	推荐性			
4	网箱 金属网衣用防腐锌块	SC/T ××××	推荐性			
……	……	……	……	……	……	……

表 3－9 404－04－04 网箱材料

序号	标准名称	标准编号	宜定级别	采用国际、国外标准的程度	采用的或相应的国际、国外标准号	备注（原标准号）
1	网箱 材料通用技术要求	GB/T ××××	推荐性			
2	网箱 框架材料	GB/T ××××	推荐性			
3	网箱 纤维	GB/T ××××	推荐性			
4	网箱 绳索	GB/T ××××	推荐性			

(续)

序号	标准名称	标准编号	宜定级别	采用国际、国外标准的程度	采用的或相应的国际、国外标准号	备注（原标准号）
5	网箱　网衣	GB/T ××××	推荐性			
6	网箱　分隔网衣	SC/T ××××	推荐性			
7	网箱　挡流网衣	SC/T ××××	推荐性			
8	网箱　防护网衣	SC/T ××××	推荐性			
9	网箱　网线	GB/T ××××	推荐性			
10	网箱　锚链	GB/T ××××	推荐性			
11	网箱　锚	SC/T ××××	推荐性			
12	网箱　桩	SC/T ××××	推荐性			
13	网箱　附属装备材料	SC/T ××××	推荐性			
14	网箱　辅助设施材料	SC/T ××××	推荐性			
……	……	……	……	……	……	……

表 3 - 10　404 - 04 - 05　网箱加工

序号	标准名称	标准编号	宜定级别	采用国际、国外标准的程度	采用的或相应的国际、国外标准号	备注（原标准号）
1	网箱　加工装配通用技术要求	SC/T ××××	推荐性			
2	网箱　框架系统装配方法	SC/T ××××	推荐性			
3	网箱　箱体系统装配方法	SC/T ××××	推荐性			
4	网箱　锚泊系统装配方法	SC/T ××××	推荐性			
……	……	……	……	……	……	……

表 3 - 11　404 - 04 - 06　网箱运输贮藏

序号	标准名称	标准编号	宜定级别	采用国际、国外标准的程度	采用的或相应的国际、国外标准号	备注（原标准号）
1	网箱　整体设施运输通用技术要求	SC/T ××××	推荐性			
2	网箱　部件运输通用技术要求	SC/T ××××	推荐性			
3	网箱　整体设施贮藏通用技术要求	SC/T ××××	推荐性			
4	网箱　部件贮藏通用技术要求	SC/T ××××	推荐性			
……	……	……	……	……	……	……

表 3 - 12　404 - 04 - 07　网箱测试

序号	标准名称	标准编号	宜定级别	采用国际、国外标准的程度	采用的或相应的国际、国外标准号	备注（原标准号）
1	网箱　测试通用技术要求	SC/T ××××	推荐性			
2	网箱　模型制作方法	SC/T ××××	推荐性			
3	网箱　模型水池试验方法	SC/T ××××	推荐性			
4	网箱　有关物理和机械性能的测定	SC/T ××××	推荐性			
5	网箱　框架系统测试方法	SC/T ××××	推荐性			
6	网箱　箱体系统测试方法	SC/T ××××	推荐性			
7	网箱　锚泊系统测试方法	SC/T ××××	推荐性			
……	……	……	……	……	……	……

表 3 - 13　404 - 04 - 08　网箱废弃物处理或利用

序号	标准名称	标准编号	宜定级别	采用国际、国外标准的程度	采用的或相应的国际、国外标准号	备注（原标准号）
1	网箱　废弃框架处理通用技术要求	GB/T ××××	推荐性			
2	网箱　废弃箱体处理通用技术要求	GB/T ××××	推荐性			
3	网箱　废弃锚泊系统处理通用技术要求	GB/T ××××	推荐性			
4	网箱　废弃框架回收利用技术要求	SC/T ××××	推荐性			
5	网箱　废弃金属网衣回收利用技术要求	SC/T ××××	推荐性			
6	网箱　废弃铁锚与锚链回收利用技术要求	SC/T ××××	推荐性			
……	……	……	……	……	……	……

表 3 - 14　404 - 04 - 09　网箱养殖技术

序号	标准名称	标准编号	宜定级别	采用国际、国外标准的程度	采用的或相应的国际、国外标准号	备注（原标准号）
1	淡水网箱养鱼　通用技术要求	SC/T 1006—1992				
2	淡水网箱养鱼　操作技术规程	SC/T 1007—1992				

（续）

序号	标准名称	标准编号	宜定级别	采用国际、国外标准的程度	采用的或相应的国际、国外标准号	备注（原标准号）
3	网箱　养鱼验收规则	SC/T 1018—1995				
4	浮动式海水网箱养鱼技术规范	SC/T 2013—2003				
5	网箱　选址要求	SC/T ××××	推荐性			
6	网箱　水上布局要求	SC/T ××××	推荐性			
7	网箱　养殖密度	SC/T ××××	推荐性			
8	网箱　饵料与投喂要求	SC/T ××××	推荐性			
9	网箱　养殖通用技术要求	SC/T ××××	推荐性			
10	网箱　环境管理要求	SC/T ××××	推荐性			
11	网箱　鱼类运输要求	SC/T ××××	推荐性			
12	网箱　鱼类起捕要求	SC/T ××××	推荐性			
13	网箱　换网要求	SC/T ××××	推荐性			
14	网箱　亲鱼	SC/T ××××	推荐性			
15	网箱　苗种	SC/T ××××	推荐性			
16	网箱　×××鱼遗传育种技术	SC/T ××××	推荐性			
17	网箱　×××鱼诱导与催产技术	SC/T ××××	推荐性			
18	网箱　×××鱼病害防治技术	SC/T ××××	推荐性			
19	网箱　饵料培养技术	SC/T ××××	推荐性			
20	网箱　配合饲料研制技术	SC/T ××××	推荐性			
21	网箱　×××鱼苗培育要求	SC/T ××××	推荐性			
……	……	……	……	……	……	……

表 3-15　404-04-10　网箱养成品

序号	标准名称	标准编号	宜定级别	采用国际、国外标准的程度	采用的或相应的国际、国外标准号	备注（原标准号）
1	网箱　网箱养成品加工要求	SC/T ××××	推荐性			
2	网箱　网箱养成品运输要求	SC/T ××××	推荐性			
3	网箱　网箱养成品贮藏要求	SC/T ××××	推荐性			
4	网箱　网箱养成品测试方法	SC/T ××××	推荐性			
5	网箱　网箱养成品销售规范	SC/T ××××	推荐性			
……	……	……	……	……	……	……

表3-16　404-04-14　养殖网箱相关的其他装备与工程技术

序号	标准名称	标准编号	宜定级别	采用国际、国外标准的程度	采用的或相应的国际、国外标准号	备注（原标准号）
1	网箱　绿色养殖通用技术要求	SC/T ××××	推荐性			
2	网箱　健康养殖技术规范	SC/T ××××	推荐性			
3	网箱　接力养殖模式	SC/T ××××	推荐性			
……	……	……	……	……	……	……

三、水产养殖网箱个性标准

基于普通版的水产养殖网箱标准体系框架（图3-4），我国水产养殖网箱个性标准如表3-17至表3-27所示。

表3-17　504-04-01　网箱主体装备

序号	标准编号	标准名称	宜定级别	备注
1	SC/T 4030—2016	高密度聚乙烯框架铜合金网衣网箱通用技术条件		
2	SC/T 4048.1—2019	深水网箱通用技术要求　第1部分：框架系统		
3	SC/T 4048.9	深水网箱（通用技术要求）第9部分：选址		系列标准
4	SC/T 4048.10	深水网箱通用技术要求 第10部分：锚泊系统		系列标准
5	SC/T 4048.13	深水网箱通用技术要求 第13部分：设计技术规范		系列标准
6	SC/T ××××	浮式网箱（通用技术要求）	推荐性	
7	SC/T ××××	潜浮式网箱（通用技术要求）	推荐性	
8	SC/T ××××	组合式网箱（通用技术要求）	推荐性	
9	SC/T ××××	潜降式网箱（通用技术要求）	推荐性	
10	SC/T ××××	升降式网箱（通用技术要求）	推荐性	
11	SC/T ××××	沉式网箱（通用技术要求）	推荐性	
12	SC/T ××××	坐底式网箱（通用技术要求）	推荐性	
13	SC/T ××××	全潜式网箱（通用技术要求）	推荐性	
14	SC/T ××××	半潜式网箱（通用技术要求）	推荐性	
15	SC/T ××××	坐底抗台式网箱（通用技术要求）	推荐性	
16	SC/T ××××	移动式网箱（通用技术要求）	推荐性	
17	SC/T ××××	海水浮体框架式养殖网箱（通用技术要求）	推荐性	
18	SC/T ××××	海水沉式养殖网箱（通用技术要求）	推荐性	
19	SC/T ××××	海水自动升降型养殖网箱（通用技术要求）	推荐性	
20	SC/T ××××	单柱半潜式深（远）海渔场（通用技术要求）	推荐性	
21	GB/T ××××	柱稳型深远海渔场（或养殖平台）设计要求	推荐性	

（续）

序号	标准编号	标准名称	宜定级别	备注
22	SC/T××××	内陆水域网箱（通用技术要求）	推荐性	
23	SC/T××××	大水面网箱（通用技术要求）	推荐性	
24	SC/T××××	内湾网箱（通用技术要求）	推荐性	
25	SC/T××××	离岸新型深水网箱（通用技术要求）	推荐性	
26	GB/T××××	离岸型深远海网箱（通用技术要求）	推荐性	
27	GB/T××××	岛礁型深远海网箱（通用技术要求）	推荐性	
28	SC/T××××	塑料框架网箱（通用技术要求）	推荐性	
29	GB/T××××	大型钢结构网箱（通用技术要求）	推荐性	
30	GB/T××××	超大型钢结构网箱（通用技术要求）	推荐性	
31	SC/T××××	方形网箱（通用技术要求）	推荐性	
32	SC/T××××	圆形网箱（通用技术要求）	推荐性	
33	SC/T××××	圆柱体网箱（通用技术要求）	推荐性	
34	SC/T××××	三角形网箱（通用技术要求）	推荐性	
35	SC/T××××	球形网箱（通用技术要求）	推荐性	
36	SC/T××××	船形网箱（通用技术要求）	推荐性	
37	SC/T××××	蝶形网箱（通用技术要求）	推荐性	
38	SC/T××××	双锥形网箱（通用技术要求）	推荐性	
39	SC/T××××	星形网箱（通用技术要求）	推荐性	
40	SC/T××××	花形网箱（通用技术要求）	推荐性	
41	SC/T××××	蛋形网箱（通用技术要求）	推荐性	
42	SC/T××××	合成纤维网衣网箱（通用技术要求）	推荐性	
43	SC/T××××	半刚性聚酯网衣网箱（通用技术要求）	推荐性	
44	SC/T××××	组合式网衣网箱（通用技术要求）	推荐性	
45	SC/T××××	普通网衣网箱（通用技术要求）	推荐性	
46	SC/T××××	高性能网衣网箱（通用技术要求）	推荐性	
47	SC/T××××	金属网衣网箱（通用技术要求）	推荐性	
48	SC/T××××	锌铝合金网衣网箱（通用技术要求）	推荐性	
49	SC/T××××	防污网衣网箱（通用技术要求）	推荐性	
50	SC/T××××	超高分子量聚乙烯网衣网箱（通用技术要求）	推荐性	
51	SC/T××××	聚乙烯网衣网箱（通用技术要求）	推荐性	
52	SC/T××××	聚酰胺网衣网箱（通用技术要求）	推荐性	
53	SC/T××××	聚酯网衣网箱（通用技术要求）	推荐性	
54	SC/T××××	功能性网衣网箱（通用技术要求）	推荐性	
55	SC/T××××	单点固泊网箱（通用技术要求）	推荐性	
56	SC/T××××	三点固泊网箱（通用技术要求）	推荐性	

（续）

序号	标准编号	标准名称	宜定级别	备注
57	SC/T××××	多点固泊网箱（通用技术要求）	推荐性	
58	SC/T××××	水面网格固泊网箱（通用技术要求）	推荐性	
59	SC/T××××	水下网格固泊网箱（通用技术要求）	推荐性	
60	SC/T××××	箱体张紧式网箱	推荐性	
61	SC/T××××	箱体吊紧式网箱	推荐性	
62	SC/T××××	箱体自由式网箱	推荐性	
63	SC/T××××	大黄鱼网箱	推荐性	
64	SC/T××××	鲍鱼网箱	推荐性	
65	SC/T××××	海参网箱	推荐性	
66	SC/T××××	海珍品网箱	推荐性	
67	SC/T××××	鲈网箱	推荐性	
68	SC/T××××	石斑鱼网箱	推荐性	
69	SC/T××××	鲆网箱	推荐性	
70	SC/T××××	鲷网箱	推荐性	
71	SC/T××××	美国红鱼网箱	推荐性	
72	SC/T××××	军曹鱼网箱	推荐性	
73	SC/T××××	河豚网箱	推荐性	
74	SC/T××××	鲕网箱	推荐性	
75	SC/T××××	鲽网箱	推荐性	
76	SC/T××××	金鲳网箱	推荐性	
77	SC/T××××	鲯鳅网箱	推荐性	
78	SC/T××××	杜氏鲕网箱	推荐性	
79	SC/T××××	石鲽网箱	推荐性	
80	SC/T××××	六线鱼网箱	推荐性	
81	SC/T××××	红鳍笛鲷网箱	推荐性	
82	SC/T××××	斜带髭鲷网箱	推荐性	
83	SC/T××××	双斑东方鲀网箱	推荐性	
84	SC/T××××	花尾胡椒鲷网箱	推荐性	
85	SC/T××××	比目鱼网箱	推荐性	
86	SC/T××××	许氏平鲉网箱	推荐性	
87	SC/T××××	点带石斑鱼网箱	推荐性	
88	SC/T××××	斑点海鳟网箱	推荐性	
89	SC/T××××	紫红笛鲷网箱	推荐性	
90	SC/T××××	小型网箱	推荐性	
91	SC/T××××	中型网箱	推荐性	

（续）

序号	标准编号	标准名称	宜定级别	备注
92	SC/T ××××	中小型网箱	推荐性	
93	SC/T ××××	大型网箱	推荐性	
94	GB/T ××××	超大型网箱	推荐性	
95	GB/T ××××	巨型网箱	推荐性	
96	SC/T ××××	休闲网箱平台	推荐性	
97	SC/T ××××	水面式网箱平台	推荐性	
98	SC/T ××××	自升式网箱平台	推荐性	
99	SC/T ××××	移动式网箱平台	推荐性	
100	GB/T ××××	柱稳式网箱平台	推荐性	
101	SC/T ××××	坐底式网箱平台	推荐性	
102	SC/T ××××	固定式网箱平台	推荐性	
103	SC/T ××××	网箱养殖休闲平台	推荐性	
104	SC/T ××××	普通网箱平台	推荐性	
105	GB/T ××××	深水网箱平台	推荐性	
106	GB/T ××××	离岸网箱平台	推荐性	
107	GB/T ××××	深远海网箱平台	推荐性	
108	GB/T ××××	深远海养殖设施总体（综合布置）设计要求	推荐性	
109	GB/T ××××	深远海养殖设施水动力评估设计方法	推荐性	
……	……	……	……	……

表 3-18　504-04-02　网箱附属装备

序号	标准编号	标准名称	宜定级别	备注
1	SC/T 4048.11	深远海网箱通用技术要求　第11部分：工作平台		系列标准
2	SC/T 4048.12	深远海网箱通用技术要求　第12部分：辅助装备		系列标准
3	SC/T ××××	×××网箱　投饲装备（通用技术要求）	推荐性	
4	SC/T ××××	×××网箱　（自动化或智能化）投饲机	推荐性	
5	SC/T ××××	×××网箱　箱载投饲机	推荐性	
6	SC/T ××××	×××网箱　平台载投饲机	推荐性	
7	SC/T ××××	×××网箱　船载投饲机	推荐性	
8	SC/T ××××	×××网箱　网衣清洗装备（通用技术要求）	推荐性	
9	SC/T ××××	×××网箱　（自动化或智能化）洗网机	推荐性	
10	SC/T ××××	×××网箱　洗网水泵	推荐性	
11	SC/T ××××	×××网箱　鱼类起捕装备（通用技术要求）	推荐性	
12	SC/T ××××	×××网箱　（自动化或智能化）吸鱼泵	推荐性	

（续）

序号	标准编号	标准名称	宜定级别	备注
13	SC/T ××××	×××网箱　起捕用围网	推荐性	
14	SC/T ××××	×××网箱　（升降式或起吊式）捕捞装备	推荐性	
15	SC/T ××××	×××网箱　鱼类分级装备（通用技术要求）	推荐性	
16	SC/T ××××	×××网箱　（自动化或智能化）分级装置	推荐性	
17	SC/T ××××	×××网箱　鱼类运输装备（通用技术要求）	推荐性	
18	SC/T ××××	×××网箱　（自动化或智能化）活鱼（运输）车	推荐性	
19	SC/T ××××	×××网箱　（自动化或智能化）活水船	推荐性	
20	SC/T ××××	×××网箱　安全防护装备	推荐性	
21	SC/T ××××	×××网箱　安全防盗装备	推荐性	
22	SC/T ××××	×××网箱　死鱼收集装备	推荐性	
23	SC/T ××××	×××网箱　残饵收集装备	推荐性	
24	SC/T ××××	×××网箱　工作平台	推荐性	
25	SC/T ××××	×××网箱　管理工作平台	推荐性	
26	SC/T ××××	×××网箱　休闲工作平台	推荐性	
27	SC/T ××××	×××网箱　多功能工作平台	推荐性	
28	SC/T ××××	×××网箱　养殖工作船	推荐性	
29	SC/T ××××	×××网箱　陆上安装设备（或切割机或多角度焊接机或热熔机等）	推荐性	
30	SC/T ××××	×××网箱　水上安装设备（或拖船或吊机等）	推荐性	
31	SC/T ××××	×××网箱　养殖辅助用工（作）船	推荐性	
32	SC/T ××××	×××网箱　换网船	推荐性	
33	SC/T ××××	×××网箱　运料船	推荐性	
34	SC/T ××××	×××网箱　休闲观光船	推荐性	
35	SC/T ××××	×××网箱　水上养殖用仓库	推荐性	
36	SC/T ××××	×××网箱　水上养殖用供电设备	推荐性	
37	SC/T ××××	×××网箱　水上养殖用消防设备	推荐性	
38	SC/T ××××	×××网箱　水上养殖用餐饮设备	推荐性	
39	SC/T ××××	×××网箱　水上养殖用垃圾处理或回收设备	推荐性	
40	GB/T ××××	深远海养殖设施鱼饲料输送装置	推荐性	
41	GB/T ××××	深远海养殖设施鱼饲料投放装置	推荐性	
42	GB/T ××××	深远海养殖设施死鱼处理装置	推荐性	
43	GB/T ××××	深远海养殖设施养殖环境智能监测系统	推荐性	
……	……	……	……	……

表 3-19　504-04-03　网箱养殖辅助设施

序号	标准编号	标准名称	宜定级别	备注
1	SC/T ××××	×××网箱　避碰用警示灯	推荐性	
2	SC/T ××××	×××网箱　挡流网	推荐性	
3	SC/T ××××	×××网箱　消浪堤	推荐性	
4	SC/T ××××	×××网箱　防腐锌块	推荐性	
……	……	……	……	……

表 3-20　504-04-04　网箱材料

序号	标准编号	标准名称	宜定级别	备注
1	SC/T 4048.2	深水网箱通用技术要求　第2部分：网衣		标准已经报批
2	SC/T 4048.3	深水网箱通用技术要求　第3部分：纲索		标准已经报批
3	SC/T 4048.4	深水网箱通用技术要求　第4部分：网线		标准已经报批
4	SC/T 4048.7	深水网箱通用技术要求　第7部分：网箱加工用原材料		系列标准
5	SC/T 4048.8	深水网箱通用技术要求　第8部分：网箱用防污材料		系列标准
6	SC/T ××××	×××网箱通用技术要求　第2部分：网衣	推荐性	
7	SC/T ××××	×××网箱通用技术要求　第3部分：纲索	推荐性	
8	SC/T ××××	×××网箱通用技术要求　第4部分：网线	推荐性	
9	SC/T ××××	×××网箱通用技术要求　第7部分：网箱加工用原材料	推荐性	
10	SC/T ××××	×××网箱通用技术要求　第8部分：网箱用防污材料	推荐性	
11	SC/T ××××	×××网箱　×××纤维（如超高分子量聚乙烯纤维）（通用技术要求）	推荐性	
12	SC/T ××××	×××网箱　×××绳索（如聚酰胺绳索）（通用技术要求）	推荐性	
13	SC/T ××××	×××网箱　箱体用×××网衣（如聚酯网衣）	推荐性	
14	SC/T ××××	×××网箱　分隔用×××网衣（如聚乙烯网衣）	推荐性	
15	SC/T ××××	×××网箱　挡流用×××网衣（如单死结聚乙烯网衣）	推荐性	
16	SC/T ××××	×××网箱　防护用×××网衣（如超高分子量聚乙烯网衣）	推荐性	
17	SC/T ××××	×××网箱　×××网线（如聚酰胺网线）	推荐性	
18	SC/T ××××	×××网箱　×××锚链（如有档锚链）	推荐性	
19	SC/T ××××	×××网箱　×××锚（如大抓力铁锚）	推荐性	

（续）

序号	标准编号	标准名称	宜定级别	备注
20	SC/T ××××	×××网箱　×××桩（如锚泊用松木桩）	推荐性	
21	SC/T ××××	×××网箱　×××附属装备材料（如洗网机转盘用材料）	推荐性	
22	SC/T ××××	×××网箱　×××辅助设施材料（避碰用警示灯外壳材料）	推荐性	
……	……	……	……	……

表 3－21　504－04－05　网箱加工

序号	标准编号	标准名称	宜定级别	备注
1	SC/T 4048.5	深水网箱通用技术要求　第5部分：网片剪裁		系列标准
2	SC/T 4048.6	深水网箱通用技术要求　第6部分：网片缝合与装配		系列标准
3	SC/T ××××	×××网箱通用技术要求　（第××部分:）网片剪裁	推荐性	
4	SC/T ××××	×××网箱通用技术要求　（第××部分:）网片缝合与装配	推荐性	
5	SC/T ××××	×××网箱通用技术要求　网片后处理要求	推荐性	
6	SC/T ××××	×××网箱通用技术要求　纲索后处理要求	推荐性	
7	SC/T ××××	×××网箱　框架系统加工装配要求	推荐性	
8	SC/T ××××	×××网箱　箱体系统加工装配要求	推荐性	
9	SC/T ××××	×××网箱　锚泊系统加工装配要求	推荐性	
10	SC/T ××××	×××网箱　框架系统与箱体系统间连接要求	推荐性	
11	SC/T ××××	×××网箱　海上装配要求	推荐性	
12	GB/T ××××	深远海养殖设施建造方针编写要求	推荐性	
13	GB/T ××××	深远海养殖设施生产设计图样和技术文件基本要求	推荐性	
14	GB/T ××××	深远海养殖设施分段划分图及余量分布图设绘要领	推荐性	
15	GB/T ××××	深远海养殖设施分段工作图设绘要领	推荐性	
16	GB/T ××××	深远海养殖设施片体搭建要求	推荐性	
17	GB/T ××××	深远海养殖设施坞内搭载要求	推荐性	
18	GB/T ××××	深远海养殖设施机械设备安装图设绘要领	推荐性	
19	GB/T ××××	深远海养殖设施建造精度控制要求	推荐性	
20	GB/T ××××	深远海养殖设施旋转门轨道建造要求	推荐性	
……	……	……	……	……

表 3-22　504-04-06　网箱运输贮藏

序号	标准编号	标准名称	宜定级别	备注
1	SC/T ××××	×××网箱　×××式深远海渔场（如深蓝1号）运输通用技术要求	推荐性	
2	SC/T ××××	×××网箱　×××养殖平台（如海峡1号）运输通用技术要求	推荐性	
3	SC/T ××××	×××网箱　×××式×××网箱（如海参养殖网箱）运输通用技术要求	推荐性	
4	SC/T ××××	×××网箱　高密度聚乙烯管材运输通用技术要求	推荐性	
5	SC/T ××××	×××网箱　浮筒运输通用技术要求	推荐性	
6	SC/T ××××	×××网箱　支架和销钉等部件运输通用技术要求	推荐性	
7	SC/T ××××	×××网箱　×××整体设施（如海参养殖网箱）贮藏通用技术要求	推荐性	
8	SC/T ××××	×××网箱　×××部件（如钢管、卸扣等）贮藏通用技术要求	推荐性	
9	SC/T ××××	×××网箱　钢管材贮藏通用技术要求	推荐性	
10	SC/T ××××	×××网箱　卸扣贮藏通用技术要求	推荐性	
11	SC/T ××××	×××网箱　浮筒等部件贮藏通用技术要求	推荐性	
12	GB/T ××××	深远海养殖设施海上干拖运输要求	推荐性	
……	……	……	……	……

表 3-23　504-04-07　网箱测试

序号	标准编号	标准名称	宜定级别	备注
1	GB/T 3682.1	塑料　热塑性塑料熔体质量流动速率（MFR）和熔体体积流动速率（MVR）的测定　第1部分：标准方法		
2	GB/T 6111	流体输送用热塑性塑料管道系统　耐内压性能的测定		
3	GB/T 8804.3	热塑性塑料管材　拉伸性能测定　第3部分：聚烯烃管材		
4	GB/T 8806	塑料管道系统　塑料部件尺寸的测定		
5	GB/T 9341	塑料　弯曲性能的测定		
6	SC/T ××××	×××网箱　水动力模型制作方法	推荐性	
7	SC/T ××××	×××网箱　静水池试验方法	推荐性	
8	SC/T ××××	×××网箱　纲索测试方法	推荐性	
9	SC/T ××××	×××网箱　网衣测试方法	推荐性	
10	SC/T ××××	×××网箱　网线测试方法	推荐性	
11	SC/T ××××	×××网箱　锚链测试方法	推荐性	

（续）

序号	标准编号	标准名称	宜定级别	备注
12	SC/T ××××	×××网箱　锚抓力测试方法	推荐性	
13	GB/T ××××	深远海养殖设施旋转门系统试验方法	推荐性	
14	GB/T ××××	深远海养殖设施倾斜试验方法	推荐性	
……	……	……	……	……

表 3 - 24　504 - 04 - 08　网箱废弃物处理或利用

序号	标准编号	标准名称	宜定级别	备注
1	GB/T ××××	×××网箱　废弃框架处理通用技术要求	推荐性	
2	GB/T ××××	×××网箱　废弃网衣处理通用技术要求	推荐性	
3	GB/T ××××	×××网箱　废弃锚链处理通用技术要求	推荐性	
4	SC/T ××××	金属框架网箱　废弃框架回收利用技术要求	推荐性	
5	SC/T ××××	金属网衣网箱　废弃网衣回收利用技术要求	推荐性	
6	SC/T ××××	×××网箱　废弃锚链回收利用技术要求	推荐性	
……	……	……	……	……

表 3 - 25　504 - 04 - 09　网箱养殖技术

序号	标准编号	标准名称	宜定级别	备注
1	GB/T 20014.23—2008	良好农业规范　第23部分：大黄鱼网箱养殖控制点与符合性规范		
2	SC/T 1030.6—1999	虹鳟养殖技术规范　网箱饲养食用鱼技术		
3	SC/T 1032.4—1999	鳜养殖技术规范　网箱培育苗种技术		
4	SC/T 1032.7—1999	鳜养殖技术规范　网箱饲养食用鱼技术		
5	SC/T 1080.6—2006	建鲤养殖技术规范　第6部分：食用鱼网箱饲养技术		
6	SC/T 2089—2018	大黄鱼繁育技术规范		
7	NY/T 5169—2002	无公害食品　黄鳝养殖技术规范		
8	NY/T 5293—2004	无公害食品　鲫养殖技术规程		
9	NY/T 5287—2004	无公害食品　斑点叉尾鮰养殖技术规范		
10	NY/T 5281—2004	无公害食品　鲤鱼养殖技术规范		
11	NY/T 5061—2002	无公害食品　大黄鱼养殖技术规范		
12	GB/T ××××	×××网箱　养殖水质要求	推荐性	
13	GB/T ××××	×××网箱　海上布局要求	推荐性	
14	SC/T ××××	×××网箱　××鱼养殖密度	推荐性	
15	SC/T ××××	×××网箱　××鱼养殖密度	推荐性	

（续）

序号	标准编号	标准名称	宜定级别	备注
16	SC/T ××××	×××网箱 ××鱼配合饵料要求	推荐性	
17	SC/T ××××	×××网箱 ××鱼配合饵料投喂要求	推荐性	
18	GB/T ××××	×××网箱 ××鱼水环境管理要求	推荐性	
19	SC/T ××××	×××网箱 ××鱼运输要求	推荐性	
20	SC/T ××××	×××网箱 ××鱼起捕要求	推荐性	
21	SC/T ××××	×××网箱 ×××网衣换网操作要求	推荐性	
22	SC/T ××××	×××网箱 ××鱼亲鱼	推荐性	
23	SC/T ××××	×××网箱 ××鱼苗种	推荐性	
24	SC/T ××××	×××网箱 ××鱼遗传育种技术	推荐性	
25	SC/T ××××	×××网箱 ××鱼诱导与催产技术	推荐性	
26	SC/T ××××	×××网箱 ××鱼病害防治技术	推荐性	
27	SC/T ××××	×××网箱 ××鱼饵料培养技术	推荐性	
28	SC/T ××××	×××网箱 ××鱼苗培育要求	推荐性	
……	……	……	……	……

表 3-26　504-04-10　网箱养成品

序号	标准编号	标准名称	宜定级别	备注
1	SC/T ××××	×××网箱 网箱养成品冰鲜加工要求	推荐性	
2	SC/T ××××	×××网箱 网箱养成品冷冻加工要求	推荐性	
3	SC/T ××××	×××网箱 网箱养成品深加工要求	推荐性	
4	SC/T ××××	×××网箱 活鱼运输要求	推荐性	
5	SC/T ××××	×××网箱 冷冻鱼运输要求	推荐性	
6	SC/T ××××	×××网箱 深加工鱼运输要求	推荐性	
7	SC/T ××××	×××网箱 冰鲜鱼贮藏要求	推荐性	
8	SC/T ××××	×××网箱 冷冻鱼贮藏要求	推荐性	
9	SC/T ××××	×××网箱 深加工鱼贮藏要求	推荐性	
10	SC/T ××××	×××网箱 鱼类氨基酸测试方法	推荐性	
11	SC/T ××××	×××网箱 鱼类重金属含量测试方法	推荐性	
12	SC/T ××××	×××网箱 活鱼销售规范	推荐性	
13	SC/T ××××	×××网箱 冰鲜鱼销售规范	推荐性	
14	SC/T ××××	×××网箱 冷冻鱼销售规范	推荐性	
15	SC/T ××××	×××网箱 深加工鱼包冰重量规范	推荐性	
……	……	……	……	……

表 3-27　504-04-11　养殖网箱相关的其他装备与工程技术

序号	标准编号	标准名称	宜定级别	备注
1	SC/T ××××	×××网箱　××鱼绿色养殖通用技术要求	推荐性	
2	SC/T ××××	×××网箱　××鱼健康养殖技术规范	推荐性	
3	SC/T ××××	×××网箱　××鱼南北接力养殖模式	推荐性	
……	……	……	……	……

第四节　我国水产养殖网箱标准体系
研究的必要性

　　网箱是水产养殖先进生产力的典范,网箱在现代渔业中不可或缺。2013 年,国务院颁发的《关于促进海洋渔业持续发展的若干意见》中明确规定"推广深水抗风浪网箱和工厂化循环水养殖装备,鼓励有条件的渔业企业拓展海洋离岸养殖和集约化养殖"。我国是世界上唯一的一个养殖产量超过捕捞产量的国家;2019 年我国水产品总产量 6 480.36 万 t,比上年增长 0.35%(其中,养殖水产品产量 5 079.07 万 t,同比增长 1.76%;而捕捞水产品产量 1 401.29 万 t,同比降低 4.45%),但我国水产养殖仍处于初级阶段。2019 年我国海水鱼类养殖产量仅占海水养殖产量的 7.78%、海水网箱养殖产量仅占海水养殖产量的 3.66%,这与我国网箱养殖业的应有地位显然不相称。2019 年初,农业农村部等 10 部门印发《关于加快推进水产养殖业绿色发展的若干意见》,提出我国将大力发展生态健康养殖,明确了未来国家大力扶持智能渔场的智慧渔业模式等新型水产养殖模式,支持发展深远海绿色养殖,因此,大力发展水产网箱养殖意义重大。

　　我国水产养殖网箱标准体系隶属于渔具及渔具材料标准体系。迄今为止,我国现行有效水产养殖网箱相关标准 31 项,这与我国的世界第一网箱大国地位极不相称,急需通过水产养殖网箱标准体系的研究,构建科学合理的水产养殖网箱标准体系,助力水产养殖网箱标准的制修订工作。我国自 20 世纪 90 年代以来开始制定网箱标准(其中最早的网箱标准为 SC/T 1006—1992《淡水网箱养鱼　通用技术要求》),标准内容涉及网箱养鱼、网箱框架、网箱网衣、网箱浮筒等相关技术要求。SC/T 1006 等网箱标准制定实施以来,既保障了水产养殖的生态安全、设施安全和生命财产安全,又规范了网箱产业的监督管理、对外贸易、技术交流等,为未来水产养殖管理提供了良好的基础。水产养殖网箱设施是获取鱼类等高端水产蛋白质的重要装备之一。研究水产养殖网箱标准体系、制定水产养殖网箱标准、逐步规范和加强水产养殖网箱管理既有助于建设"海上粮仓",实现对海洋渔业资源的可持续开发利用,又有助于加快构建绿色渔业体系,还有助于促进现代渔业的健康发展。

　　为推动水产养殖的绿色发展,加强和规范水产养殖网箱管理,推进水产养殖标准体系研究,2019 年初,农业农村部等 10 部门印发《关于加快推进水产养殖业绿色发展的若干意见》,提出我国将大力发展生态健康养殖,明确了未来国家大力支持发展深远海绿色养殖。

标准化是水产养殖网箱管理的重要手段，编制水产养殖网箱标准体系表有利于进一步健全和完善水产养殖网箱管理的体制、机制、政策和措施。相较于水产养殖业的绿色发展发展和水产养殖生态安全等的迫切需要，水产养殖网箱标准体系建设较为滞后。在标准数量发面，经初步统计，截至 2020 年 8 月，我国现行有效水产养殖网箱标准 31 项，其中国家标准 3 项、水产行业标准 23 项、农业行业标准 5 项（水产养殖网箱标准均为推荐性标准，表 3-28）；正在制定、已经发布尚未实施的网箱相关标准 4 项（包括国家标准 1 项、行业标准 3 项）。在上述 31 项有效水产养殖网箱标准中，最早渔具标准为 1991 年制定，已经有 20 多年未进行修订。此外，地方省市还制定了 26 项与养殖网箱相关的地方标准（表 3-29）。根据上文的水产养殖网箱标准体系研究结果统计，未来我国水产养殖网箱标准总数为 443 项，目前现行有效标准仅 31 项（表 3-30），因此我国水产养殖网箱标准工作任重道远，需要各方的大力支持和帮助。可见，我国水产养殖网箱标准工作的滞后性和紧迫性。

由于长期以来，我国水产标准化管理工作一直存在专业人才少、研发经费投入严重不足、标准立项数量少等困难和问题，造成我国水产养殖网箱标准体系严重研究滞后，建议政府管理部门以及社会各界今后从人员支持、经费保障、科研支撑、学科设置等多个方面加大支持，以进一步完善、修改和补充本书列出的水产养殖网箱标准体系框架及其标准体系表，助力我国水产养殖的绿色发展与现代化建设。我国水产养殖网箱标准体系研究非常重要，但任重道远。

水产养殖网箱标准体系是我国渔具及渔具材料标准体系的重要组成部分，基于水产养殖网箱标准体系的研究成果可为完善我国渔具及渔具材料标准、构建科学合理的渔具及渔具材料标准体系、助力水产养殖网箱产业绿色发展和现代化建设等提供参考。

表 3-28　我国水产养殖网箱标准一览表

序号	标准代号	标准名称	备注
1	GB/T 20014.16—2013	良好农业规范　第 16 部分：水产网箱养殖基础控制点与符合性规范	现行标准
2	GB/T 20014.23—2008	良好农业规范　第 23 部分：大黄鱼网箱养殖控制点与符合性规范	现行标准
3	GB/T 22213—2008	水产养殖术语	现行标准
4	SC/T 1006—1992	淡水网箱养鱼　通用技术要求	现行标准
5	SC/T 1007—1992	淡水网箱养鱼　操作技术规程	现行标准
6	SC/T 1018—1995	网箱养鱼验收规则	现行标准
7	SC/T 1030.6—1999	虹鳟养殖技术规范　网箱饲养食用鱼技术	现行标准
8	SC/T 1032.4—1999	鳜养殖技术规范　网箱培育苗种技术	现行标准
9	SC/T 1032.7—1999	鳜养殖技术规范　网箱饲养食用鱼技术	现行标准
10	SC/T 1080.6—2006	建鲤养殖技术规范　第 6 部分：食用鱼网箱饲养技术	现行标准

（续）

序号	标准代号	标准名称	备注
11	SC/T 2013—2003	浮动式海水网箱养鱼技术规范	现行标准
12	SC/T 2089—2018	大黄鱼繁育技术规范	现行标准
13	SC/T 4001—1995	渔具基本术语	正在修订中
14	SC/T 4024—2011	浮绳式网箱	现行标准
15	SC/T 4025—2016	养殖网箱浮架 高密度聚乙烯管	现行标准
16	SC/T 4030—2016	高密度聚乙烯框架铜合金网衣网箱通用技术条件	现行标准
17	SC/T 4041—2018	高密度聚乙烯框架深水网箱通用技术要求	现行标准
18	SC/T 4044—2018	海水普通网箱通用技术要求	现行标准
19	SC/T 4045—2018	水产养殖网箱浮筒通用技术要求	现行标准
20	SC/T 4048.1—2018	深水网箱通用技术要求 第1部分：框架系统	现行标准
21	SC/T 4067—2017	浮式金属框架网箱通用技术要求	现行标准
22	SC/T 5001—2014	渔具材料基本名词术语	现行标准
23	SC/T 5027—2006	淡水网箱技术条件	现行标准
24	SC/T 6049—2011	水产养殖网箱名词术语	现行标准
25	SC/T 6056—2015	水产养殖设施 名词术语	现行标准
26	NY/T 5169—2002	无公害食品 黄鳝养殖技术规范	现行标准
27	NY/T 5293—2004	无公害食品 鲫鱼养殖技术规程	现行标准
28	NY/T 5287—2004	无公害食品 斑点叉尾鮰养殖技术规范	现行标准
29	NY/T 5281—2004	无公害食品 鲤鱼养殖技术规范	现行标准
30	NY/T 5061—2002	无公害食品 大黄鱼养殖技术规范	现行标准
31	GB/T ××××	海水重力式网箱设计技术规范	标准已经报批
32	SC/T 4017	塑胶渔排通用技术要求	现行标准
33	SC/T 4048.2	深水网箱通用技术要求 第2部分：网衣	标准已经发布
34	SC/T 4048.3	深水网箱通用技术要求 第3部分：纲索	标准已经发布
35	SC/T 4048.4	深水网箱通用技术要求 第4部分：网线	标准正在制定中

注：本表中标准为国家标准或行业标准。

表 3-29 我国水产养殖网箱相关的地方标准一览表

序号	标准编号	标准名称	备注
1	DB43/T 1517—2018	稻田泥鳅网箱养殖技术规程	现行标准
2	DB46/T 170—2009	军曹鱼深水网箱养殖技术规程	现行标准
3	DB46/T 131—2008	抗风浪深水网箱养殖技术规程	现行标准
4	DB44/T 822—2010	无公害食品 卵形鲳鲹养殖技术规范	现行标准
5	DB35/T 167—2009	美国红鱼海水网箱养殖技术规范	现行标准

（续）

序号	标准编号	标准名称	备注
6	DB34/T 996—2009	克氏原螯虾网箱生态养殖技术规程	现行标准
7	DB34/T 994—2009	无公害食品　黄颡鱼网箱养殖技术操作规程	现行标准
8	DB34/T 845—2008	无公害食品　花鱼骨网箱养殖技术操作规程	现行标准
9	DB34/T 838—2008	斑点叉尾鮰水库网箱养殖技术操作规程	现行标准
10	DB34/T 1654—2012	网箱养殖斑鳜商品鱼技术规程	现行标准
11	DB34/T 1423—2011	无公害翘嘴红鲌网箱养殖技术规程	现行标准
12	DB34/T 1382—2011	斑点叉尾鮰良种选育技术操作规程	现行标准
13	DB34/T 1248—2010	克氏原螯虾网箱育苗技术规程	现行标准
14	DB34/T 1202—2010	斑点叉尾鮰主要病害防治技术规程	现行标准
15	DB33/T 794—2010	黄姑鱼养殖技术规范	现行标准
16	DB33/T 488—2012	三角鲂养殖技术规范	现行标准
17	DB13/T 1173—2010	无公害食品　鲤鱼成鱼网箱养殖技术规范	现行标准
18	DB35/530—2004	海水养殖网箱系统技术规范	现行标准
19	DB34/T 186.1—1999	网箱养殖团头鲂病害防治规程	现行标准
20	DB33/T 633.1—2007	无公害蓝鳃太阳鱼　第1部分：养殖技术规范	现行标准
21	DB33/T 562.2—2005	无公害花鱼骨　第2部分：养殖技术规范	现行标准
22	DB33/T 546.2—2005	无公害翘嘴红鲌　第2部分：养殖技术规范	现行标准
23	DB33/T 541.2—2005	无公害瓯江彩鲤　第2部分：养殖技术规范	现行标准
24	DB34/T 596—2006	无公害美国青蛙养殖技术操作规程	现行标准
25	DB34/T 421—2004	无公害黄鳝网箱养殖技术规程	现行标准
26	DB34/T 419—2004	无公害泥鳅养殖技术规程	现行标准

表 3-30　我国水产养殖网箱标准统计表

标准层级	应有数（个）	现有数（个）	现有数/应有数（%）
国家标准	75	3	4
行业标准	368	28	7.6
合　计	443	31	7.0

附录

附录1　关于加快推进水产养殖业绿色发展的若干意见

**农业农村部　生态环境部　自然资源部
国家发展和改革委员会　财政部　科学技术部
工业和信息化部　商务部　国家市场监督管理总局
中国银行保险监督管理委员会关于加快推进
水产养殖业绿色发展的若干意见**

各省、自治区、直辖市人民政府，国务院各部委、各直属机构：

近年来，我国水产养殖业发展取得了显著成绩，为保障优质蛋白供给、降低天然水域水生生物资源利用强度、促进渔业产业兴旺和渔民生活富裕作出了突出贡献，但也不同程度地存在养殖布局和产业结构不合理、局部地区养殖密度过高等问题。为加快推进水产养殖业绿色发展，促进产业转型升级，经国务院同意，现提出以下意见。

一、总体要求

（一）指导思想。全面贯彻党的十九大和十九届二中、三中全会精神，以习近平新时代中国特色社会主义思想为指导，认真落实党中央、国务院决策部署，围绕统筹推进"五位一体"总体布局和协调推进"四个全面"战略布局，践行新发展理念，坚持高质量发展，以实施乡村振兴战略为引领，以满足人民对优质水产品和优美水域生态环境的需求为目标，以推进供给侧结构性改革为主线，以减量增收、提质增效为着力点，加快构建水产养殖业绿色发展的空间格局、产业结构和生产方式，推动我国由水产养殖业大国向水产养殖业强国转变。

（二）基本原则。

坚持质量兴渔。紧紧围绕高质量发展，将绿色发展理念贯穿于水产养殖生产全过程，推行生态健康养殖制度，发挥水产养殖业在山、水、林、田、湖、草系统治理中的生态服务功能，大力发展优质、特色、绿色、生态的水产品。

坚持市场导向。处理好政府与市场的关系，充分发挥市场在资源配置中的决定性作用，增强养殖生产者的市场主体作用，优化资源配置，提高全要素生产率，增强发展活力，提升绿色养殖综合效益。

坚持创新驱动。加强水产养殖业绿色发展体制机制创新，完善生产经营体系，发挥新型经营主体的活力和创造力，推动科学研究、成果转化、示范推广、人才培训协同发展和一二三产业融合发展。

坚持依法治渔。完善水产养殖业绿色发展法律法规，加强普法宣传、提升法治意识，坚持依法行政、强化执法监督，依法维护养殖渔民合法权益和公平有序的市场环境。

（三）主要目标。到 2022 年，水产养殖业绿色发展取得明显进展，生产空间布局得到优化，转型升级目标基本实现，人民群众对优质水产品的需求基本满足，优美养殖水域生态环境基本形成，水产养殖主产区实现尾水达标排放；国家级水产种质资源保护区达到 550 个以上，国家级水产健康养殖示范场达到 7 000 个以上，健康养殖示范县达到 50 个以上，健康养殖示范面积达到 65％以上，产地水产品抽检合格率保持在 98％以上。到 2035 年，水产养殖布局更趋科学合理，养殖生产制度和监管体系健全，养殖尾水全面达标排放，产品优质、产地优美、装备一流、技术先进的养殖生产现代化基本实现。

二、加强科学布局

（四）加快落实养殖水域滩涂规划制度。统筹生产发展与环境保护，稳定水产健康养殖面积，保障养殖生产空间。依法加强养殖水域滩涂统一规划，科学划定禁止养殖区、限制养殖区和允许养殖区。完善重要养殖水域滩涂保护制度，严格限制养殖水域滩涂占用，严禁擅自改变养殖水域滩涂用途。

（五）优化养殖生产布局。开展水产养殖容量评估，科学评价水域滩涂承载能力，合理确定养殖容量。科学确定湖泊、水库、河流和近海等公共自然水域网箱养殖规模和密度，调减养殖规模超过水域滩涂承载能力区域的养殖总量。科学调减公共自然水域投饵养殖，鼓励发展不投饵的生态养殖。

（六）积极拓展养殖空间。大力推广稻渔综合种养，提高稻田综合效益，实现稳粮促渔、提质增效。支持发展深远海绿色养殖，鼓励深远海大型智能化养殖渔场建设。加强盐碱水域资源开发利用，积极发展盐碱水养殖。

三、转变养殖方式

（七）大力发展生态健康养殖。开展水产健康养殖示范创建，发展生态健康养殖模式。推广疫苗免疫、生态防控措施，加快推进水产养殖用兽药减量行动。实施配合饲料替代冰鲜幼杂鱼行动，严格限制冰鲜杂鱼等直接投喂。推动用水和养水相结合，对不宜继续开展养殖的区域实行阶段性休养。实行养殖小区或养殖品种轮作，降低传统养殖区水域滩涂利用强度。

（八）提高养殖设施和装备水平。大力实施池塘标准化改造，完善循环水和进排水处理设施，支持生态沟渠、生态塘、潜流湿地等尾水处理设施升级改造，探索建立养殖池塘维护和改造长效机制。鼓励水处理装备、深远海大型养殖装备、集装箱养殖装备、养殖产品收获装备等关键装备研发和推广应用。推进智慧水产养殖，引导物联网、大数据、人工智能等现代信息技术与水产养殖生产深度融合，开展数字渔业示范。

（九）**完善养殖生产经营体系**。培育和壮大养殖大户、家庭渔场、专业合作社、水产养殖龙头企业等新型经营主体，引导发展多种形式的适度规模经营。优化水域滩涂资源配置，加强对水域滩涂经营权的保护，合理引导水域滩涂经营权向新型经营主体流转。健全产业链利益联结机制，发展渔业产业化经营联合体。建立健全水产养殖社会化服务体系，实现养殖户与现代水产养殖业发展有机衔接。

四、改善养殖环境

（十）**科学布设网箱围网**。推进养殖网箱围网布局科学化、合理化，加快推进网箱粪污残饵收集等环保设施设备升级改造，禁止在饮用水水源地一级保护区、自然保护区核心区和缓冲区等开展网箱围网养殖。以主要由农业面源污染造成水质超标的控制单元等区域为重点，依法拆除非法的网箱围网养殖设施。

（十一）**推进养殖尾水治理**。推动出台水产养殖尾水污染物排放标准，依法开展水产养殖项目环境影响评价。加快推进养殖节水减排，鼓励采取进排水改造、生物净化、人工湿地、种植水生蔬菜花卉等技术措施开展集中连片池塘养殖区域和工厂化养殖尾水处理，推动养殖尾水资源化利用或达标排放。加强养殖尾水监测，规范设置养殖尾水排放口，落实养殖尾水排放属地监管职责和生产者环境保护主体责任。

（十二）**加强养殖废弃物治理**。推进贝壳、网衣、浮球等养殖生产副产物及废弃物集中收置和资源化利用。整治近海筏式、吊笼养殖用泡沫浮球，推广新材料环保浮球，着力治理白色污染。加强网箱网围拆除后的废弃物综合整治，尽快恢复水域自然生态环境。

（十三）**发挥水产养殖生态修复功能**。鼓励在湖泊水库发展不投饵滤食性、草食性鱼类等增养殖，实现以渔控草、以渔抑藻、以渔净水。有序发展滩涂和浅海贝藻类增养殖，构建立体生态养殖系统，增加渔业碳汇。加强城市水系及农村坑塘沟渠整治，放养景观品种，重构水生生态系统，美化水系环境。

五、强化生产监管

（十四）**规范种业发展**。完善新品种审定评价指标和程序，鼓励选育推广优质、高效、多抗、安全的水产养殖新品种。严格新品种审定，加强新品种知识产权保护，激发品种创新各类主体积极性。建立商业化育种体系，大力推进"育繁推一体化"，支持重大育种创新联合攻关。支持标准化扩繁生产，加强品种性能测定，提升水产养殖良种化水平。完善水产苗种生产许可管理，严肃查处无证生产，切实维护公平竞争的市场秩序。完善种业服务保障体系，加强水产种质资源库和保护区建设，保护我国特有及地方性种质资源。强化水产苗种进口风险评估和检疫，加强水生外来物种养殖管理。

（十五）**加强疫病防控**。落实全国动植物保护能力提升工程，健全水生动物疫病防控体系，加强监测预警和风险评估，强化水生动物疫病净化和突发疫情处置，提高重大疫病防控和应急处置能力。完善渔业官方兽医队伍，全面实施水产苗种产地检疫和监督执法，推进无规定疫病水产苗种场建设。加强渔业乡村兽医备案和指导，壮大渔业执业兽医队伍。科学规范水产养殖用疫苗审批流程，支持水产养殖用疫苗推广。实施病死养殖水生动物无害化处理。

（十六）**强化投入品管理。**严格落实饲料生产许可制度和兽药生产经营许可制度，强化水产养殖用饲料、兽药等投入品质量监管，严厉打击制售假劣水产养殖用饲料、兽药的行为。将水环境改良剂等制品依法纳入管理。依法建立健全水产养殖投入品使用记录制度，加强水产养殖用药指导，严格落实兽药安全使用管理规定、兽用处方药管理制度以及饲料使用管理制度，加强对水产养殖投入品使用的执法检查，严厉打击违法用药和违法使用其他投入品等行为。

（十七）**加强质量安全监管。**强化农产品质量安全属地监管职责，落实生产经营者质量安全主体责任。严格检测机构资质认定管理、跟踪评估和能力验证，加大产地养殖水产品质量安全风险监测、评估和监督抽查力度，深入排查风险隐患。加快推动养殖生产经营者建立健全养殖水产品追溯体系，鼓励采用信息化手段采集、留存生产经营信息。推进行业诚信体系建设，支持养殖企业和渔民合作社开展质量安全承诺活动和诚信文化建设，建立诚信档案。建立水产品质量安全信息平台，实施有效监管。加快养殖水产品质量安全标准制修订，推进标准化生产和优质水产品认证。

六、拓宽发展空间

（十八）**推进一二三产业融合发展。**完善利益联结机制，推动养殖、加工、流通、休闲服务等一二三产业相互融合、协调发展。积极发展养殖产品加工流通，支持水产品现代冷链物流体系建设，提升从池塘到餐桌的全冷链物流体系利用效率，引导活鱼消费向便捷加工产品消费转变。推动传统水产养殖场生态化、休闲化改造，发展休闲观光渔业。在有条件的革命老区、民族地区和边疆地区等贫困地区，结合本地区资源特点，引导发展多种形式的特色水产养殖，增加建档立卡贫困人口收入。实施水产养殖品牌战略，培育全国和区域优质特色品牌，鼓励发展新型营销业态，引领水产养殖业发展。

（十九）**加强国际交流与合作。**鼓励科研院所、大专院校开展对外水产养殖技术示范推广。统筹利用国际国内两个市场、两种资源，结合"一带一路"建设等重大倡议实施，培育大型水产养殖企业。鼓励和支持渔业企业开展国际认证认可，扩大我国水产品影响力，促进水产品国际贸易稳定协调发展。

七、加强政策支持

（二十）**多渠道加大资金投入。**建立政府引导、生产主体自筹、社会资金参与的多元化投入机制。鼓励地方因地制宜支持水产养殖绿色发展项目。将生态养殖有关模式纳入绿色产业指导目录。探索金融服务养殖业绿色发展的有效方式，创新绿色生态金融产品。鼓励各类保险机构开展水产养殖保险，有条件的地方将水产养殖保险纳入政策性保险范围。支持符合条件的水产养殖装备纳入农机购置补贴范围。

（二十一）**强化科技支撑。**加强现代渔业产业技术体系和国家渔业产业科技创新联盟建设，依托国家重点研发计划重点专项，加大对深远海养殖科技研发支持，加快推进实施"种业自主创新重大项目"。加强绿色安全的生态型水产养殖用药物研发。支持绿色环保的人工全价配合饲料研发和推广，鼓励鱼粉替代品研发。积极开展绿色养殖技术模式集成和示范推广，打造区域综合整治样板。发挥基层水产技术推广体系作用，培训新型职业渔民。

（二十二）**完善配套政策。**将养殖水域滩涂纳入国土空间规划，按照"多规合一"要求，做好相关规划的衔接。支持工厂化循环水、养殖尾水和废弃物处理等环保设施用地，保障深远海网箱养殖用海，落实水产养殖绿色发展用水用电优惠政策。养殖用海依法依规免征海域使用金。

八、落实保障措施

（二十三）**严格落实责任。**健全省负总责、市县抓落实的工作推进机制，地方人民政府要严格执行涉渔法律法规，在规划编制、项目安排、资金使用、监督管理等方面采取有效措施，确保绿色发展各项任务落实到位。

（二十四）**依法保护养殖者权益。**稳定集体所有养殖水域滩涂承包经营关系，依法确定承包期。完善水产养殖许可制度，依法核发养殖证。按照不动产统一登记的要求，加强水域滩涂养殖登记发证。依法保护使用水域滩涂从事水产养殖的权利。对因公共利益需要退出的水产养殖，依法给予补偿并妥善安置养殖渔民生产生活。

（二十五）**加强执法监管。**建立健全生态健康养殖相关管理制度和标准，完善行政执法与刑事司法衔接机制。按照严格规范公正文明执法要求，加强水产养殖执法。落实"双随机、一公开"要求，加强事中事后执法检查。强化普法宣传，增强养殖生产经营主体尊法守法意识和能力。

（二十六）**强化督促指导。**将水产养殖业绿色发展纳入生态文明建设、乡村振兴战略的目标评价内容。对绿色发展成效显著的单位和个人，按照有关规定给予表彰；对违法违规或工作落实不到位的，严肃追究相关责任。

2019 年 1 月 11 日

附录 2　标准体系构建原则和要求

1　范围

本标准规定了构建标准体系的基本原则、一般方法以及标准体系表内容要求。

本标准适用于各类标准体系的规划、设计和评价。

2　术语和定义

下列术语和定义适用于本文件。

2.1

体系　system

系统

由相互作用和相互依赖的若干组成部分结合而成的具有特定功能的有机整体。

注1：系统可以指整个实体，系统的组件也可能是一个系统，此组件可称为子系统。

注2：系统是由元素组成的。

2.2

环境　enviroment

存在于系统外且对系统产生影响作用的各种因素。

2.3

边界　border

区别系统内部元素与外部环境的界限。

2.4

标准体系　standard system

一定范围内的标准按其内在联系形成的科学的有机整体。

2.5

标准体系模型　model of standard system

用于表达、描述标准体系的目标、边界、范围、环境、结构关系并反映标准化发展规划的模型。

注：标准体系模型是用于策划、实施、检查和改进标准体系的方法或工具。

2.6

标准体系表　diagram of standard system

一种标准体系模型，通常包括标准体系结构图、标准明细表，还可以包含标准统计表和编制说明。

2.7

行业　industry

行业（或产业）是指从事相同性质的经济活动的所有单位的集合。

[GB/T 4754—2011，定义2.1]

2.8

专业　sub－industry

在一个行业（或产业）内细分的从事相同性质的经济活动的所有单位的集合。

注：GB/T 4754中所指的"中类，小类"。考虑到习惯用法。仍称专业。

2.9

相关标准　relevant standard

与本体系关系密切且需直接采用的其他体系内的标准。

2.10

个性标准　particular standard

直接表达一种标准化对象（产品或系列产品、过程、服务或管理）的个性特征的标准。

2.11

共性标准　common standard

同时表达存在于若干种标准化对象间所共有的共性特征的标准。

3　构建标准体系的基本原则

3.1　目标明确

标准体系是为业务目标服务的，构建标准体系应首先明确标准化目标。

3.2　全面成套

应围绕着标准体系的目标展开，体现在体系的整体性，即体系的子体系及子子体系的全面完整和标准明细表所列标准的全面完整。

3.3　层次适当

标准体系表应有恰当的层次：

a）标准明细表中的每一项标准在标准体系结构图中应有相应的层次；

注1：从一定范围的若干同类标准中，提取通用技术要求形成共性标准，并置于上层；

注2：基础标准宜置于较高层次，即扩大其适用范围以利于一定范围内的统一。

b）从个性标准出发，提取共性技术要求作为上一层的共性标准；

c）为便于理解、减少复杂性，标准体系的层次不宜太多；

d）同一标准不应同时列入两个或两个以上子体系中。

注3：根据标准的适用范围，恰当地将标准安排在不同的尽次。一般应尽量扩大标准的适用范围，或尽量安排在高层次上，即应在大范围内协调统一的标准不应在数个小范围内各自制定，以达到体系组成尽量合理简化。

3.4　划分清楚

标准体系表内的子体系或类别的划分，各子体系的范围和边界的确定，主要应按行业、专业或门类等标准化活动性质的同一性，而不宜按行政机构的管辖范围而划分。

4 构建标准体系的一般方法

4.1 确定标准化方针目标

在构建标准体系之前，应首先了解下列内容，以便于指导和统筹协调相关部门的标准体系构建工作：

a）了解标准化所支撑的业务战略；

b）明确标准体系建设的愿景、近期拟达到的目标；

c）确定实现标准化目标的标准化方针或策略（实施策略）、指导思想、基本原则；

d）确定标准体系的范围和边界。

4.2 调查研究

开展标准体系的调查研究，通常包括：

a）标准体系建设的国内外情况；

b）现有的标准化基础，包括已制定的标准和已开展的相关标准化研究项目和工作项目；

c）存在的标准化相关问题；

d）对标准体系的建设需求。

4.3 分析整理

根据标准体系建设的方针、目标以及具体的标准化需求，借鉴国内外现有的标准体系的结构框架，从标准的类型、专业领域、级别、功能、业务的生命周期等若干不同标准化对象的角度，对标准体系进行分析，从而确定标准体系的结构关系。

4.4 编制标准体系表

编制标准体系表，通常报告：

a）确定标准体系结构图

根据不同维度的标准分析的结果，选择恰当的维度作为标准体系框架的主要维度，编制标准体系结构图，编写标准体系结构的各级子体系、标准体系模块的内容说明。

b）编制标准明细表

收集整理拟采用的国际标准、国家标准等外部标准和本领域已有的内部标准，提出近期和将来规划拟制定的标准列表，编制标准明细表。

c）编写标准体系表编制说明

标准体系表编制说明的相关内容见 5.4。

4.5 动态维护更新

标准体系是一个动态的系统，在使用过程中应不断优化完善，并随着业务需求、技术发展的不断变化进行维护更新。

5 标准体系表内容要求

5.1 标准体系结构图

5.1.1 概述

标准体系结构图用于表达标准体系的范围、边界、内部结构，以及意图。标准体系表通常包括标准体系结构图、标准明细表、标准统计表和标准体系编制说明；标准体系的结构关系一般包括上下层之间的"层次"关系，或按一定的逻辑顺序排列起来的"序列"关系，也可由以上几种结构相结合的组合关系。

5.1.2　符号与约定

编制标准体系表应符合以下符号约定：

a) 标准体系结构图用矩形方框表示，方框内的文字表示该标准体系或标准子体系的名称；

b) 通常，一个方框代表一组若干标准；如果方框内的文字有下划线，则方框仅表示体系标题之意，不包含具体的标准；

c) 每个方框可编上图号，并按图号编制标准明细表；

d) 方框间用实线或虚线连接；

e) 用实线表示方框间的层次关系、序列关系，不表示上述关系的连线用虚线；

f) 为了表示与其他系统的协调配套关系，用虚线连接表示本体系方框与相关标准间的关联关系；对虽由本体系负责制定的，而应属其他体系的标准亦作为相关标准并用虚线相连，且应在标准体系编制说明中加以说明。

5.1.3　层次结构

图1所示为我国标准体系的标准层次和标准级别的关系。

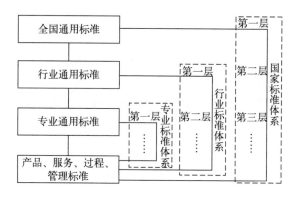

图1　标准体系的层次和级别关系

注1：国家标准、行业标准、团体标准、地方标准、企业标准，根据标准发布机构的权威性，代表着不同标准级别；全国通用、行业通用、专业通用、产品标准，根据标准适用的领域和范围，代表标准体系的不同层次。

注2：国家标准体系的范围涵盖跨行业全国通用综合性标准、行业范围通用的标准、专业范围通用的标准，以及产品标准、服务标准、过程标准和管理标准。

注3：行业标准体系，是由行业主管部门规划、建设并维护的标准体系，涵盖本行业范围通用的标准、本行业的细分一级专业（二级专业……）标准，以及产品标准、服务标准、过程标准和管理标准。

注4：团体标准是根据市场化机制由社会团体发布的标准，可能包括全国通用标准、行业通用标准、专业通用标准，以及产品标准、服务标准、过程标准或管理标准等，参见 GB/T 20004.1—2016《团体标准化　第1部分：良好行为指南》。

在标准体系结构图中包含多个行业产品时的层次结构，可参照图 2 所示的结构图。

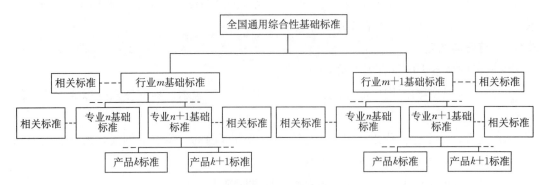

图 2 多行业产品的标准体系层次结构

注 1：图内"专业 n 基础标准"表示第 m 个行业下的第 n 个专业的基础标准。

注 2：图中的产品 k 标准，指第 k 个产品（或服务）标准。

5.1.4 序列结构

序列结构指围绕着产品、服务、过程的生命周期各阶段的具体技术要求，或空间序列等编制出的标准体系结构图，参见附录 A。

5.1.5 其他结构

除层次结构、序列结构之外，还可以根据业务需求，按照本标准的原则和要求，提出其他标准体系结构图，如功能归口结构、矩阵结构、三维结构等。

5.2 标准明细表

标准明细表的表头描述的是标准（或子体系）的不同属性。常见的标准明细表的表头，可以包含序号、标准体系编号、子体系名称、标准名称、引用标准编号、归口部门、缓急程度、宜定级别、标准状态等。标准明细表的一般格式如表 1 所示。

表 1 ××（层次或序列编号）标准明细表

序号	标准体系编号	子体系名称	标准名称	引用标准编号	归口部门	宜定级别	实施日期	备注

表 1 中，表头属性的含义如下：

a) 标准体系编号，纳入标准明细表的标准或子体系的编号，编号可包含子体系所在的层次含义；

b) 子体系名称，标准体系所包含子体系的名称；

c) 标准名称，已发布标准或拟制定标准的名称；

d) 引用标准编号，引用的外部标准编号；

e) 归口部门，标准或子体系的归口管理部门；

f) 宜定级别，拟制定或拟修订标准的级别，如国家标准、行业标准、地方标准、团体标准、企业标准等；

　　g）实施日期，标准或子体系的已实施或拟实施的日期；

　　h）备注，在以上列中没有包含的其他内容。

5.3　标准 统计表

标准统计表格式根据统计目的而设置成不同的标准类别及统计项，一般格式如表 2 所示。

表 2　标准统计表

统计项	应有数/个	现有数/个	现有数/应有数/%
标准类别			
国家标准			
行业标准			
团体标准			
地方标准			
企业标准			
共计			
基础标准			
方法标准			
产品、过程、服务标准			
零部件、元器件标准			
原材料标准			
安全、卫生、环保标准			
其他			
共计			

5.4　标准体系表编制说明

标准体系表编制说明的内容一般包括：

　　a）标准体系建设的背景；

　　b）标准体系的建设目标、构建依据及实施原则；

　　c）国内外相关标准化情况综述；

　　d）各级子体系划分原则和依据；

　　e）各级子体系的说明，包括主要内容、适用范围等；

　　f）与其他体系交叉情况和处理意见：

　　g）需要其他体系协调配套的意见；

　　h）结合统计表，分析现有标准与国际、国外的差距和薄弱环节，明确今后的主攻方向；

　　i）标准制修订规划建议；

　　j）其他。

附　录　A

（资料性附录）

参考序列结构图

A.1　系统生命周期序列

图 A.1 所示是按照系统的生命周期阶段（概念阶段、开发阶段、生产阶段、使用阶段、支持阶段、退役阶段）展开的序列结构。

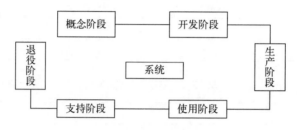

图 A.1　序列结构图

注 1：序列中节点名称仅作示例用。

注 2：序列形式的含义参见 GB/T 22032—2008 中生命周期阶段的划分。

A.2　企业价值链序列

围绕企业的价值链而展开的序列结构，从企业的战略与文化、业务经营、管理支持等三个大的方面分解，如图 A.2 所示。

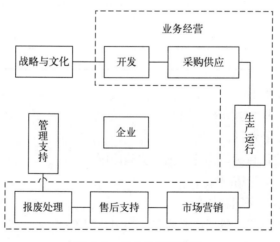

图 A.2　企业价值链序列

A.3　工业产品生产序列

在制造业领域，围绕产品的设计、试验、生产制造、产品或半成品、销售、报废处理等环节为序列，制定不同阶段的标准，如图 A.3 所示。

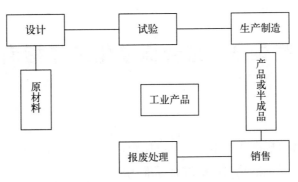

图 A.3　工业产品序列结构图

A.4　信息服务序列

图 A.4 所示为围绕信息的采集、加工、存储、访问、开发利用、服务等序列结构。

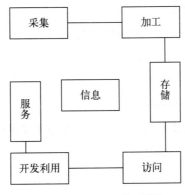

图 A.4　信息服务序列结构

A.5　项目管理序列

图 A.5 所示为围绕工程项目的立项、工程建设、竣工验收、运行维护和评价等项目阶段而划分工程项目序列结构。

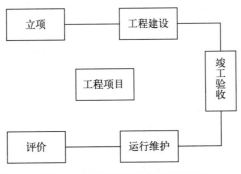

图 A.5　项目管理阶段序列结构

附录 3 综合标准化工作指南

1 范围

本标准规定了综合标准化的术语、基本原则、工作程序与方法。

本标准适用于各类标准化对象的综合标准化活动。

2 术语和定义

下列术语和定义适用于本标准。

2.1

相关要素 related elements

影响综合标准化对象的功能要求或特定目标的因素。

注：开展综合标准化活动时所选择的最终产品等主题对象。

2.2

标准综合体 standard－complex

综合标准化对象及其相关要素按其内在联系或功能要求以整体效益最佳为目标形成的相关指标协调优化、相互配合的成套标准。

2.3

综合标准化 complex standardization

为了达到确定的目标，运用系统分析方法，建立标准综合体，并贯彻实施的标准化活动。

3 基本原则

将综合标准化对象及其相关要素作为一个系统开展标准化工作，并且范围应明确并相对完整。

综合标准化的全过程应有计划、有组织地进行，以系统的整体效益（包括技术、经济、社会三方面的综合效益）最佳为目标，保证整体协调一致与最佳性，局部效益服从整体效益。

标准综合体内各项标准的制定及实施应相互配合，所包含的标准可以是不同层次的，但标准的数量应当适中，而且各标准之间应贯彻低层次服从高层次的要求。

应充分选用现行标准，必要时可对现行标准提出修订或补充要求。积极采用国际标准和国外先进标准。标准综合体应根据产品的生命周期及时修订。

4　工作程序

综合标准化的工作程序见表1。

表 1　综合标准化工作程序

阶段	步骤	方法
准备阶段	确定对象	见 5.1
	调研	见 5.2
	可行性分析	见 5.3
准备阶段	建立协调机构	见 5.4
规划阶段	确定目标	见 6.1
	编制标准综合体规划	见 6.2
制定阶段	制订工作计划	见 7.1
	建立标准综合体	见 7.2
实施阶段	组织实施	见 8.1
	评价和验收	见 8.2

5　准备阶段

5.1　确定对象

根据科学技术发展与国民经济建设的需要，以经济性为准则选择综合标准化对象。应从国民经济和社会发展需要出发，选择具有重大技术、经济意义和明显效益的对象，在一定范围内功能互相关联，经过纵横向协作才能解决相关参数指标协调与优化组合问题。

5.2　调研

调研包括以下内容：

a）综合标准 化对象的现状及国内外同类产品的水平；

b）国内外标准概况；

c）综合标准化对象各有关方的基本情况和意见。

5.3　可行性分析

根据需要和可能，对选择的对象情况，所需人力、物力和财力的情况，以及能否获得预期的技术、经济和社会效益进行可行性分析。

5.4　建立协调机构

根据确定的综合标准化对象，由各有关方面的人员组成有权威性的协调机构，负责建立标准综合体的协调和组织实施工作。

协调机构应建立严格的工作制度，明确职责和分工。

6　规划阶段

6.1　确定目标

收集与综合标准化对象有关的资料，通过分析对比，准确掌握其国内外状况与发展趋势。并根据技术经济发展的预测结果和实际可能，合理确定综合标准化对象应达到的目标，充分体现其整体最佳性。

6.2　编制标准综合体规划

6.2.1　标准综 合体规划的性质

标准综合体规划是指导性、计划性的文件，在达到预定的目标以前一直有效；是建立标准综合体，编制标准制订、修订计划和确定相关科研项目的指南；是协调解决跨部门综合标准化工作的依据。

6.2.2　标准综合体规划的内容

标准综合体规划包括下列内容：

——综合标准化对象及其相关要素：

——需要制定、修订的全部标准；

——最终目标值和相关要素的技术要求；

——必要的科研项目；

——各项工作的组织和完成期限、预算计划及物资经费等保证措施。

6.2.3　编制标准综合体规划的基本原则

标准综合体规划应由各有关部门共同参加编制，并且应同各部门的具体工作与计划任务相结合。编制标准综合体规划时应考虑所需的物资资源、劳动资源和经费。标准综合体规划应附有编制说明书和实施大纲。

6.2.4　标准综合体规划编制程序

6.2.4.1　确定对象系统

提出对象系统总目标，并根据综合标准化对象及其相关要素的内在联系或功能要求，将所确定的目标分解为具体目标值。

分解的目标值应能保证实现所确定的目标，并注意工作流程的继承性。目标值一般应定量化，具有可检查性。应对各种可能的目标分解方案进行充分的论证，从中选择最佳方案。

6.2.4.2　进行系统分析

通过分析资料，对综合标准化对象进行系统分析，找出影响所确定目标的各种相关要素，明确综合标准化对象与相关要素及相关要素之间的内在联系与功能要求。合理确定综合标准化对象及其相关要素的范围。并且绘制综合标准化对象的相关要素图或给出文字说明，明确其系统关系。

图表及文字应满足下列要求：

a）层次清晰，主次分明，结构合理，范围明确；

b）相关要素选择恰当，数量适中。

6.2.4.3　选择最佳方案

对综合标准化对象的科学技术水平、综合质量指标以及综合效益进行预测和综合论证。根据需要和可能，合理地确定系统的综合范围和深度，按工作流程确定标准综合体规划的结构。列出综合标准化对象的直接相关要素和间接相关要素，编制相关要素图。

确定科研攻关项目、试验步骤、技术措施和组织保证措施，保证综合标准化对象的及时开发、研制，提高其整体水平。

6.2.4.4　确定标准项目

理顺关系，对综合体中所含要素系统，根据相关要素图，按性质和级别对标准、项目及课题汇总分类。

编制跨部门的实施计划，拟订需要制定、修订的标准的内容和数量，并根据轻重缓急确定标准制定、修订时间的最佳顺序和工作进度，分别纳入相应的标准制定、修订规划和年度计划中，保证制定、修订标准工作的协调进行。

确定制修订工作要点、起草单位和参加单位。确定综合标准化对象的技术手段和质量保证，以及制修订的准备、组织与保证措施。

6.2.4.5　编制标准综合体规划草案

根据对象的系统分析和目标分解的结果，编制标准综合体规划草案，明确标准综合体的构成。标准综合体规划草案内应包括能保证综合标准化对象整体最佳的所有标准。各项标准应进行系统处理，按性质、范围适当分类，使其构成合理。

6.2.4.6　评审

应组织有关专家对标准综合体规划草案进行审议、认定，形成正式的标准综合体规划。评审内容应包括：

    a）目标能否保证；

    b）构成是否合理；

    c）标准是否配套；

    d）总体是否协调。

7　制定阶段

7.1　制订工作计划

由协调机构根据标准综合体规划中规定的标准构成要求，审查现有标准情况，确定需要制定和修订的标准，制订统一的工作计划，明确分工和进度要求。对技术难点，应制订攻关计划。包括以下几个方面：

    ——凡有现行标准，能满足总体要求的，应引用现行标准而不再制定新标准；不能满足要求时，应修订现行标准或提出补充要求；没有相应标准时，应制定新标准；

    ——根据标准综合体规划内标准之间的相互联系，确定各项标准制定和修订的顺序与时间；

    ——各项标准的制定和修订任务应纳入各级标准的制订和修订计划，保证各级标准制订和修订计划的协调；

    ——工作计划中除规定制定和修订标准的项目名称外，还应明确各项标准的主要内容与要求、适用范围、与其他标准的关系、标准起草单位与负责人、参加单位与参加人员、起止时间等。

7.2　建立标准综合体

协调机构应根据工作计划的要求，组织全部标准的起草和审查工作，建立标准综合体。包括以下几个方面的内容：

——制定工作守则，指导参加综合标准化工作的有关人员的活动；

——从全局出发，有关方面要密切配合，协调行动；

——有关标准的技术内容应相互协调，实施日期应相互配合；

——分解的目标值均应在相应标准的有关指标中得到保证。

根据工作进展情况，通过一定手段进行试验验证。整体验证周期太长者可以进行局部验证。通过试验验证适当调整原工作计划和某些标准中不适应的内容。

标准综合体建立后，协调机构应根据试验验证结果，对建立标准综合体的全部工作情况进行总结。

8　实施阶段

8.1　组织实施

有关部门或单位应根据规定的各项标准的实施时间，将各项标准及时贯彻，实现综合标准化的目标。

在标准综合体实施后应定期进行审查与修订，不断更新与充实标准综合体。应指定专人在标准实施过程中跟踪检查，记录标准实施过程中的有关数据资料，做好信息反馈。

8.2　评价和验收

主管部门可组织各有关单位和人员根据标准综合体实施后的技术经济效益，进行评价和验收。

附录 4　科技成果转化为标准指南

1　范围

本标准规定了科技成果转化为标准的需求分析、可行性分析、标准类型与内容的确定，以及标准编写等要求。

本标准适用于基于科技成果研制我国标准的活动。

2　规范性引用文件

下列文件对于本文件的应用是必不可少的。凡是注日期的引用文件，仅注日期的版本适用于本文件。凡是不注日期的引用文件，其最新版本（包括所有的修改单）适用于本文件。

GB/T 1.1　标准化工作导则　第 1 部分：标准的结构和编写

GB/T 16733　国家标准制定程序的阶段划分及代码

GB/T 20000.1　标准化工作指南　第 1 部分：标准化和相关活动的通用术语

GB/T 20001.1　标准编写规则　第 1 部分：术语

GB/T 20001.2　标准编写规则　第 2 部分：符号标准

GB/T 20001.3　标准编写规则　第 3 部分：分类标准

GB/T 20001.4　标准编写规则　第 4 部分：试验方法标准

GB/T 20001.10　标准编写规则　第 10 部分：产品标准

GB/T 20003.1　标准制定的特殊程序　第 1 部分：涉及专利的标准

GB/T 28222　服务标准编写通则

3　术语和定义

GB/T 20000.1 界定的以及下列术语和定义适用于本文件。

3.1

科技成果　scientific and technical achievement

在科学技术活动中通过智力劳动所得出的具有实用价值的知识产品。

3.2

标准　standard

通过标准化活动，按照规定的程序经协商一致制定，为各种活动或其结果提供规则、指南或特性，供共同使用和重复使用的文件。

注 1：标准宜以科学、技术和经验的综合成果为基础。

注 2：规定的程序指制定标准的机构颁布的标准制定程序。

注3：诸如国际标准、区域标准、国家标准等，由于它们可以公开获得以及必要时通过修正或修订保持与最新技术水平同步，因此它们被视为构成了公认的技术规则，其他层次上通过的标准，诸如专业协（学）会标准、企业标准等，在地域上可影响几个国家。

[GB/T 20000.1—2014：定义 5.3]

4 科技成果转化为标准需求分析

科技成果转化为标准前要做需求分析，对科技成果转化为标准的必要性进行初步评估。需求分析宜考虑的因素包括但不限于：

a）符合各类组织、地方、行业规范自身发展，提高管理效率的需求；

b）符合企业推广新技术、新产品的试验开发和应用推广的需求；

c）符合各类组织保障产品、服务质量，树立自身品牌、扩大影响力的需求；

d）符合相关行业建立接口，保证互换性、兼容性，降低系统运行成本的需求；

e）符合消费者权益保护、保护环境、保障安全和健康的社会公益需求；

f）符合企业参与建立市场规则的需求；

g）符合企业、行业参与国际事务、国际贸易、突破技术性贸易壁垒的需求。

5 科技成果转化为标准可行性分析

5.1 科技成果的标准特性分析

要分析科技成果是否具有标准的以下基本特性：

a）共同使用特性，拟转化为标准的科技成果在一定范围内（如某企业、区域、行业或全国范围）被相关主体共同使用；

b）重复使用特性，拟转化为标准的科技成果不应仅适用于一次性活动。

5.2 科技成果的技术成熟度分析

5.2.1 一般要求

要对拟转化为标准的科技成果的成熟度和认可度进行评估。评估时考虑的因素包括：

a）该科技成果所处的生命周期；

b）该科技成果推广应用的时间、范围及认可程度；

c）该科技成果与相关技术的协调性；

d）该科技成果对行业技术进步的推动作用。

5.2.2 特殊要求

对于高新技术等发展更新较快，且属于国际竞争前沿的领域，宜从技术先进性、适用性角度对拟转化为标准的科技成果进行评估。评估时考虑的因素包括：

a）该科技成果是否解决了该领域的技术难题或行业热点问题；

b）与同行业相比，该科技成果是否达到国内或国际领先程度；

c）该科技成果的设计思想、工艺技术特点是否符合市场发展导向。

5.3 科技成果的推广应用前景分析

要对拟转化为标准的科技成果的未来推广应用前景进行评估。评估时考虑的因素包括：

a）成果所属产业的性质：

1）产业在国民经济发展中的优先次序；

2）产业关联度；

3）产业的成长性；

4）产业的国内或国际竞争力。

b）与市场对接的有效性：

1）市场的需求量；

2）现有市场占有率；

3）是否属于市场主导型技术；

4）市场风险。

c）对经济的带动作用：

1）对产品更新换代的作用；

2）对国民经济某一行业或领域发展的带动作用；

3）对产业结构优化和升级的作用。

d）对社会发展的带动作用：

1）对保障公共服务质量的作用；

2）对环境、生态、资源以及社会可持续发展的作用；

3）对促进社会治理、维护国家安全和利益的作用。

5.4 与同领域现有标准的协调性分析

要对拟转化标准与同领域现有标准的协调性进行评估，评估时做到：

a）明确拟转化为标准的科技成果的所属领域；

b）与所属领域的标准化归口部门或标准化技术委员会加强沟通，掌握该领域标准体系总体现状（含已发布的标准、已立项的在研标准计划项目）；

c）从标准适用范围、核心内容与指标等角度，重点分析拟转化标准与同领域相关标准的协调性，避免标准间的重复交叉。

6 科技成果转化为标准的类型与内容确定

6.1 确定标准类型考虑的因素

6.1.1 标准适用范围

要根据标准适用范围的不同，确定科技成果转化为标准的类型：

a）对在我国某个企业内推广使用的科技成果，制定企业标准；

b）对在我国某个省/自治区/直辖市内推广使用、具有地方特色的科技成果，制定地方标准；

c）对在我国某个社会组织（如学会、协会、商会、联合会）或产业技术联盟内推广使用的科技成果，制定团体标准；

d）对在我国某个行业内推广使用的科技成果，制定行业标准；

e）对在我国跨不同行业、不同区域推广使用的科技成果，制定国家标准。

6.1.2 标准约束力

要根据标准内容的法律约束性不同，确定科技成果转化为标准的属性：

a）对涉及保护国家安全，防止欺诈行为、保护消费者利益，保护人身健康和安全，保护动植物的生命和健康，保护环境的技术成果，制定强制性标准；

b）对上述五类情况之外的其他科技成果，制定推荐性标准。

6.1.3 标准技术成熟度

对于仍处于技术发展过程中的技术成果，宜制定标准化指导性技术文件。

6.2 标准核心内容的确定

6.2.1 术语标准的主要内容

术语标准的主要技术要素为术语条目。术语条目包括条目编号、首选术语、英文对应词、定义，根据需要可增加许用术语、符号、拒用和被取代术语、概念的其他表述方式（包括图、公式等）、参见相关条目、示例、注等。

6.2.2 符号标准的主要内容

符号标准的主要技术要素包括符号编号、符号、符号名称（含义）、符号说明等，这些内容通常以表格的形式列出。

6.2.3 方法标准的主要内容

方法标准是规定通用性方法的标准，技术要素通常以试验、检查、分析、抽样、统计、计算、测定、作业等方法为对象，如试验方法、检查方法、分析计法、测定方法、抽样方法、设计规范、计算方法、工艺规程、作业指导书、生产方法、操作方法及包装、运输方法等。

6.2.4 产品标准的主要内容

产品标准的主要内容是规定产品应满足的要求，通常用性能特性表示。根据需要，还可规范产品试验方法、术语、包装和标签、工艺要求等要求。

6.2.5 过程标准的主要内容

过程标准（如设计规程、工艺规程、检验标准、安装规程等）的主要技术要素是过程应满足的要求，过程标准可规定具体的操作要求，也可推荐首选的惯例。

6.2.6 服务标准的主要内容

服务标准的主要技术要素是服务应满足的要求，包括服务提供者、供方、服务人员、服务合同、服务支付、服务交付、服务环境、服务设备、补救措施、服务沟通等。

7 科技成果转化为标准的编写要求

7.1 程序要求

科技成果转化为标准的具体起草程序需满足 GB/T 16733 的要求。

7.2　文本要求

科技成果转化为标准的具体起草格式，总体需满足 GB/T 1.1 的要求。

对于不同类别标准的编写，还需满足其他具体要求：

——术语标准的编写满足 GB/T 20001.1 的要求；

——符号标准的编写满足 GB/T 20001.2 的要求；

——分类标准的编写满足 GB/T 20001.3 的要求；

——试验方法标准的编写满足 GB/T 20001.4 的要求；

——产品标准的编写满足 GB/T 20001.10 的要求；

——服务标准的编写满足 GB/T 28222 的要求。

标准编制说明中，要对科技成果转化为标准的背景等情况进行说明。除标准编制说明外，宜有对科研成果的描述、研究报告、技术试验论证报告等其他材料。

7.3　标准中涉及专利问题的处理

对于科技成果转化为标准中涉及专利的问题的处理，要满足 GB/T 20003.1 的要求。

附录5 我国水产养殖网箱及其密切关联标准目录

序号	标准代号	标准名称	备注
1	GB/T 20014.16—2013	良好农业规范 第16部分：水产网箱养殖基础控制点与符合性规范	现行标准
2	GB/T 20014.23—2008	良好农业规范 第23部分：大黄鱼网箱养殖控制点与符合性规范	现行标准
3	GB/T 22213—2008	水产养殖术语	现行标准
4	SC/T 1006—1992	淡水网箱养鱼 通用技术要求	现行标准
5	SC/T 1007—1992	淡水网箱养鱼 操作技术规程	现行标准
6	SCT 1018—1995	网箱养鱼验收规则	现行标准
7	SC/T 1030.6—1999	虹鳟养殖技术规范 网箱饲养食用鱼技术	现行标准
8	SC/T 1032.4—1999	鳜养殖技术规范 网箱培育苗种技术	现行标准
9	SC/T 1032.7—1999	鳜养殖技术规范 网箱饲养食用鱼技术	现行标准
10	SC/T 1080.6—2006	建鲤养殖技术规范 第6部分：食用鱼网箱饲养技术	现行标准
11	SC/T 2013—2003	浮动式海水网箱养鱼技术规范	标准正在修订中
12	SC/T 4001—1995	渔具基本术语	现行标准
13	SC/T 4024—2011	浮绳式网箱	现行标准
14	SC/T 4025—2016	养殖网箱浮架 高密度聚乙烯管	现行标准
15	SC/T 4030—2016	高密度聚乙烯框架铜合金网衣网箱通用技术条件	现行标准
16	SC/T 4041—2018	高密度聚乙烯框架深水网箱通用技术要求	现行标准
17	SC/T 4044—2018	海水普通网箱通用技术要求	现行标准
18	SC/T 4045—2018	水产养殖网箱浮筒通用技术要求	现行标准
19	SC/T 4048.1—2018	深水网箱通用技术要求 第1部分：框架系统	现行标准
20	SC/T 4067—2017	浮式金属框架网箱通用技术要求	现行标准
21	SC/T 5001—2014	渔具材料基本名词术语	现行标准
22	SC/T 5027—2006	淡水网箱技术条件	现行标准
23	SC/T 6049—2011	水产养殖网箱名词术语	现行标准
24	SC/T 6056—2015	水产养殖设施 名词术语	现行标准
25	GB/T ××××××	海水重力式网箱设计技术规范	标准已经报批，待出版
26	SC/T 4017	塑胶渔排通用技术要求	现行标准
27	SC/T 4048.2	深水网箱通用技术要求 第2部分：网衣	标准已经正式发布
28	SC/T 4048.3	深水网箱通用技术要求 第3部分：纲索	标准已经正式发布
29	SC/T 4048.4	深水网箱通用技术要求 第4部分：网线	标准正在制定中

注：1. 本表中仅统计网箱国家标准和行业标准。

2. 本表统计时间为2020年8月16日。

附录 6　代表性水产养殖网箱相关标准

附件 1　高密度聚乙烯框架深水网箱通用技术要求

1　范围

本标准规定了高密度聚乙烯框架深水网箱的术语和定义、标记、要求、检验方法、检验规则以及标志、标签、包装、运输及储存要求。

本标准适用于以高密度聚乙烯管材、支架等制作框架的周长 40 m 以上的高密度聚乙烯框架深水网箱。

2　规范性引用文件

下列文件对于本文件的应用是必不可少的。凡是注日期的引用文件，仅注日期的版本适用于本文件。凡是不注日期的引用文件，其最新版本（包括所有的修改单）适用于本文件。

GB/T 228　金属材料　室温拉伸试验方法

GB/T 549　电焊锚链

GB/T 3939.2　主要渔具材料命名与标记　网片

GB/T 4925　渔网　合成纤维网片强力与断裂伸长率试验方法

GB/T 6964　渔网网目尺寸试验方法

GB/T 8050　纤维绳索　聚丙烯裂膜、单丝、复丝（PP2）和高强复丝（PP3）3、4、8、12 股绳索（ISO 1346：2012，IDT）

GB/T 8834　纤维绳索　有关物理和机械性能的测定（ISO 2307：2005，IDT）

GB/T 11787　纤维绳索　聚酯　3 股、4 股、8 股和 12 股绳索（ISO 1141：2012，IDT）

GB/T 18673　渔用机织网片

GB/T 18674　渔用绳索通用技术条件

GB/T 21292　渔网　网目断裂强力的测定（ISO 1806：2002，IDT）

GB/T 30668　超高分子量聚乙烯纤维 8 股、12 股编绳和复编绳索（ISO 10325：2009，NEQ）

FZ/T 63028　超高分子量聚乙烯网线

SC/T 4001　渔具基本术语

SC/T 4005　主要渔具制作　网片缝合与装配

SC/T 4022　渔网　网线断裂强力和结节断裂强力的测定（ISO 1805：1973，IDT）

SC/T 4024　浮绳式网箱

SC/T 4025　养殖网箱浮架　高密度聚乙烯管

SC/T 4027　渔用聚乙烯编织线

SC/T 4028　渔网　网线直径和线密度的测定

SC/T 4066　渔用聚酰胺经编网片通用技术要求

SC/T 5001　渔具材料基本术语

SC/T 5003　塑料浮子试验方法　硬质泡沫

SC/T 5006　聚酰胺网线

SC/T 5007　聚乙烯网线

SC/T 5021　聚乙烯网片　经编型

SC/T 5022　超高分子量聚乙烯网片　经编型

SC/T 5031　聚乙烯网片　绞捻型

SC/T 6049　水产养殖网箱名词术语

3　术语和定义

SC/T 4001、SC/T4025、SC/T 5001 和 SC/T 6049 界定的以及下列术语和定义适用于本文件。为了便于使用，以下重复列出了 SC/T 4025 和 SC/T 6049 中的一些术语和定义。

3.1

深水网箱　offshore cage；deep water cage

离岸网箱　offshore cage

放置在开放性水域，水深超过 15 m 或周长 40 m 以上的大型网箱。

注：改写 SC/T 6049—2011，定义 3.1.1。

3.2

高密度聚乙烯框架深水网箱　HDPE offshore cage

框架主要采用高密度聚乙烯管材的深水网箱。

3.3

浮管　floating pipe

由聚乙烯材料制成的中空圆形管材。

[SC/T 4025—2016，定义 3.1]

3.4

支架　bracket

由底座、立柱等组成，用于连接浮管与扶手管的支撑架。

注：改写 SC/T4025—2016，定义 3.2。

3.5

框架　frame

支撑网箱整体的刚性构件，既能使网箱箱体张开并保持一定形状，又能作为平台进行相关养殖操作。

3.6

箱体 **cage body；net bag**

亦称网体、网袋。由网衣构成的蓄养水产动物的空间。

[SC/T 6049—2011，定义 4.1]

3.7

网箱容积 **cage volume**

网箱箱体所包围的水体体积。

3.8

网箱周长 **cage circumference**

网箱框架内侧主浮管的中心线长度。

4 标记

4.1 完整标记与简便标记

4.1.1 完整标记

高密度聚乙烯框架深水网箱标记包含下列内容［若网箱中不安装防跳网，则标记中不包含 e）项；若网箱作业方式为浮式以外的其他作业方式，则标记中不包含 g）项］：

　　a）网箱框架材质：高密度聚乙烯框架用 HDPE 代号表示；

　　b）箱体用（主要）网衣材质：聚乙烯网衣箱体、聚酰胺网衣箱体、聚酯网衣箱体、超高分子量网衣箱体、金属网衣箱体和其他网衣箱体分别用 PEN、PAN、PETN、UHMWPEN、MENTALN 和 OTHERN 代号表示；

　　c）网箱作业方式与形状：浮式圆形网箱、浮式方形网箱和其他形状浮式网箱分别使用 FC、FS 和 FO 代号表示；升降式圆形网箱、升降式方形网箱和其他形状升降式网箱分别使用 SSC、SSS 和 SSO 代号表示；沉式圆形网箱、沉式方形网箱和其他形状沉式网箱分别使用 SGC、SGS 和 SGO 代号表示；移动式圆形网箱、移动式方形网箱和其他形状移动式网箱分别使用 MC、MS 和 MO 代号表示；其他作业方式与形状网箱用 OMOT 代号表示；

　　d）网箱尺寸：使用"框架周长×箱体高度"或"框架长度×框架宽度×箱体高度"等网箱主体尺寸表示，单位为米（m）；

　　e）网箱防跳网高度：箱体上部用于防止养殖对象跳出水面逃跑的网衣或网墙高度，单位为米（m）；

　　f）网箱箱体网衣规格：按 GB/T 3939.2 的规定，箱体网衣规格应包含网片材料代号、织网用单丝或纤维线密度、网片（名义）股数、网目长度和结型代号；

　　g）网箱框架用主浮管规格＋网箱浮管的总浮力：网箱框架用主浮管规格以框架浮管用高密度聚乙烯管材的材料命名，公称外径（d_n）/公称壁厚（e_n）表示，单位为毫米（mm）；网箱浮管的总浮力单位为千牛（kN）；

　　h）本标准编号。

4.1.2 简便标记

在网箱制图、生产、运输、设计、贸易和技术交流中，可采用简便标记。简便标记按次序至少应包括 4.1.1 中的 c)、d) 2 项 [若网箱中安装防跳网，则简便标记中还应包含 e) 项内容]，可省略 4.1.1 中的 a)、b)、f)、g) 和 h) 5 项。

4.2 标记顺序

高密度聚乙烯框架深水网箱应按下列顺序标记：

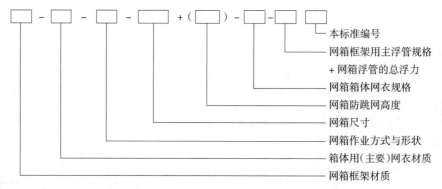

本标准编号
网箱框架用主浮管规格
+ 网箱浮管的总浮力
网箱箱体网衣规格
网箱防跳网高度
网箱尺寸
网箱作业方式与形状
箱体用(主要)网衣材质
网箱框架材质

示例 1： 框架周长 50.0 m、箱体高度 6.0 m、防跳网高度 0.8 m、箱体网衣规格为 PE‑36 tex×60‑55 mm JB、框架用主浮管材料级别为 PE 80、浮管用高密度聚乙烯管材公称外径 d_n 280 mm/公称壁厚 e_n 16.6 mm、浮管的总浮力为 62 kN 的浮式圆形高密度聚乙烯框架深水网箱的标记为：

HDPE—FN—FY—50.0 m×6.0 m+0.8 m—PE‑36 tex×60‑55 mm JB—PE 80‑SDR 17‑d_n 280 mm/e_n 16.6 mm +62 kN SC/T 4041

示例 2： 框架周长 50.0 m、箱体高度 6.0 m、防跳网高度 0.8 m、箱体网衣规格为 PE‑36 tex×60‑55 mm JB、框架用主浮管材料级别为 PE 80、浮管用高密度聚乙烯管材公称外径 d_n 280 mm/公称壁厚 e_n 16.6 mm、浮管的总浮力为 62 kN 的浮式圆形高密度聚乙烯框架深水网箱的简便标记为：

FY—50.0 m×6.0 m+0.8 m

5 要求

5.1 尺寸偏差率

应符合表 1 的规定。

表 1 尺寸偏差率

序号	项　　目		网箱尺寸偏差，%
1	深水网箱周长[a]		±1.0
2	深水网箱框架长度[a]		±1.0
3	深水网箱框架宽度[a]		±1.0
4	箱体高度[b]	≤2 m	±4.5
		>2 m	±3.0
5	防跳网高度		±8.0

[a] 深水网箱周长、网箱框架长度与宽度均指内侧主浮管的中心线长度。

[b] 箱体高度不包括防跳网高度。

5.2　框架用高密度聚乙烯管材与支架

应符合 SC/T 4025 的规定。

5.3　网箱箱体

应符合表 2 的规定。

表 2　网箱箱体要求

序号	名　称		要　求	项　目
1	箱体网衣	外观	GB/T 18673	网目长度偏差率 网目断裂强力或网片 纵向断裂强力或 网目连接点断裂强力
		聚乙烯经编型网片	GB/T 18673 或 SC/T 5021	
		聚乙烯单线单死结型网片	GB/T 18673	
		聚酰胺单线单死结型网片		
		聚酰胺经编型网片	SC/T 4066	
		超高分子量聚乙烯经编型网片	SC/T 5022	
		聚乙烯绞捻型网片	SC/T 5031	
2	箱体纲绳	聚乙烯绳索	GB/T 18674	最低断裂强力 线密度
		聚酰胺绳索		
		聚丙烯-聚乙烯绳索		
		聚丙烯绳索	GB/T 8050	
		聚酯绳索	GB/T 11787	
		超高分子量聚乙烯绳索	GB/T 30668	
3	箱体装配 缝合线	聚酰胺网线	SC/T 5006	断裂强力 单线结强力 综合线密度
		聚乙烯网线	SC/T 5007	
		渔用聚乙烯编织线	SC/T 4027	
		超高分子量聚乙烯网线	FZ/T 63028	

5.4　锚泊用合成纤维绳索与锚链材料

5.4.1　合成纤维绳索

聚丙烯绳索、聚酯绳索和超高分子量聚乙烯绳索最低断裂强力应分别符合 GB/T 8050、GB/T 11787、GB/T 30668 的规定；聚乙烯绳索、聚酰胺绳索和聚丙烯-聚乙烯绳索最低断裂强力应符合 GB/T 18674 的规定。

5.4.2　锚链

破断载荷和拉力载荷应符合 GB/T 549 的规定。

5.5　浮式深水网箱主管的浮力

浮式深水网箱主浮管的浮力与网箱水中重量的差值应不小于 5 kN。

5.6　装配要求

5.6.1　框架装配要求

按 SC/T 4025 的规定执行。

5.6.2　箱体装配要求

5.6.2.1　网衣间的装配要求

按 SC/T 4005 和 SC/T 4024 的规定执行。

5.6.2.2　纲绳在箱体上的装配要求

用缝合线将纲绳缝合在箱体网衣上，缝合线距离宜不大于 10 cm，其他装配要求按 SC/T 4024 的规定执行。

5.6.3　框架与箱体的连接要求

先将箱体侧纲上端与框架连接固定，然后再用柔性合成纤维绳索将箱体上纲捆扎在框架上，捆扎间距以 10 cm～40 cm 为宜。

6　检验方法

6.1　尺寸偏差率

6.1.1　用卷尺等工具分别测量深水网箱周长（或深水网箱框架长度和宽度等网箱主体尺寸）、箱体高度、防跳网高度，每个试样重复测试 2 次，取其算术平均值，单位为米（m），数据取一位小数。

6.1.2　尺寸偏差率按式（1）计算。

$$\Delta x = \frac{x - x_1}{x_1} \times 100 \quad \cdots\cdots\cdots\cdots\cdots\cdots\cdots\cdots\cdots\cdots\cdots\cdots \quad (1)$$

式中：

Δx——深水网箱尺寸偏差率，单位为百分率（％）；

x　——深水网箱的实测尺寸，单位为米（m）；

x_1　——深水网箱的公称尺寸，单位为米（m）。

6.2　框架用高密度聚乙烯管材与支架

应符合 SC/T 4025 的规定。

6.3　网箱箱体

按表 3 的规定执行。

表 3　网箱箱体检验方法

序号	名　称	项　目	单位样品测试次数	检验方法
1	箱体网衣	外观	5	GB/T 18673
		网目长度	5	GB/T 6964
		网目长度偏差率	5	GB/T 18673
		网片纵向断裂强力	10	GB/T 4925
		网目断裂强力	20	GB/T 21292
		网目连接点断裂强力	5	SC/T 5031
2	箱体纲绳	最低断裂强力	3	GB/T 8834

（续）

序号	名　称	项　目	单位样品测试次数	检验方法
3	箱体装配缝合线	断裂强力	5	SC/T 4022
		单线结强力	5	SC/T 4022
		综合线密度	5	SC/T 4028

6.4　合成纤维绳索与锚链

6.4.1　合成纤维绳索

按 GB/T 8834 的规定执行。

6.4.2　锚链

按 GB/T 228 的规定执行。

6.5　浮式深水网箱主浮管的浮力

浮式深水网箱主浮管的浮力可选用检测法或理论计算法。选用检测法时，先在浮式深水网箱加工用浮管上截取 3 段长度为（0.2±0.005）m 的浮管，再将两端封闭后按 SC/T 5003 的规定进行检验，测试试样浮力的算术平均值；最后按式（2）计算浮式深水网箱主浮管的浮力，单位为千牛（kN），数据取整数。

$$F=\overline{F}_l\times\frac{L}{l} \quad\text{……………………………………（2）}$$

式中：

F ——浮式深水网箱主浮管的浮力，单位为千牛（kN）；

$\overline{F}_l$ ——试样浮力的算术平均值，单位为千牛（kN）；

L ——浮式深水网箱主浮管的总长度，单位为米（m）；

l ——试样长度，单位为米（m）。

选用理论计算法时，根据浮式深水网箱主浮管公称外径和总长度，按式（3）计算浮式深水网箱主浮管的浮力。

$$F=7.706\times\rho\times d_n^{\;2}\times L\times10^{-9} \quad\text{……………………………（3）}$$

式中：

ρ ——水的密度，单位为千克每立方米（kg/m³）；

d_n ——浮管公称外径，单位为毫米（mm）。

6.6　网箱装配要求

在自然光线下，通过目测或卷尺等工具进行深水网箱装配要求检验。

7　检验规则

7.1　出厂检验

7.1.1　每批产品需经厂检验部门进行出厂检验，合格后并附有合格证方可出厂。

7.1.2　出厂检验项目为 5.1、5.3 中项目。网箱周长、框架长度、宽度为现场检验。

7.2　型式检验

7.2.1　检验周期和检验项目

7.2.1.1　型式检验每半年至少进行一次，有下列情况之一时亦应进行型式检验：

    a) 产品试制定型鉴定时或老产品转厂生产时；

    b) 原材料和工艺有重大改变，可能影响产品性能时；

    c) 质量技术管理部门提出型式检验要求时。

7.2.1.2　型式检验项目为第5章的全部项目。

7.2.2　抽样

7.2.2.1　在相同工艺条件下，按3个月生产同一品种、同一规格的深水网箱为一批。

7.2.2.2　当每批深水网箱产量不少于50台（套）时，从每批深水网箱中随机抽取不少于4%的深水网箱作为样品进行检验；当每批深水网箱产量小于50台（套）时，从每批深水网箱中随机抽取2台（套）网箱作为样品进行检验。

7.2.2.3　在抽样时，深水网箱尺寸偏差率（5.1）和网箱装配要求（5.6）可以在现场检验。

7.2.3　判定

7.2.3.1　在检验结果中，若所有样品的全部检验项目符合第5章的要求时，则判该批产品合格。

7.2.3.2　在检验结果中，若有一个项目不符合第5章的要求时，则判该批产品为不合格。

8　标志、标签、包装、运输及储存

8.1　标志、标签

每个深水网箱应附有产品合格证明作为标签，标签上至少应包含下列内容：

    a) 产品名称；

    b) 产品规格；

    c) 生产企业名称与地址；

    d) 检验合格证；

    e) 生产批号或生产日期；

    f) 执行标准。

8.2　包装

高密度聚乙烯框架材料、箱体材料、锚泊用合成纤维绳索与锚链材料应用帆布、彩条布、绳索、编织袋或木箱等合适材料包装或捆扎，外包装上应标明材料名称、规格及数量。

8.3　运输

产品在运输过程中应避免抛摔、拖曳、磕碰、摩擦、油污和化学品的污染，切勿用锋利工具钩挂。

8.4　储存

高密度聚乙烯框架材料、箱体材料、锚泊用合成纤维绳索与锚链材料应存放在清洁、干燥的库房内，远离热源 3 m 以上；室外存放应有适当的遮盖，避免阳光照射、风吹雨淋和化学腐蚀。若高密度聚乙烯框架材料、箱体材料、锚泊用合成纤维绳索与锚链材料（从生产之日起）储存期超过 2 年，则应经复检，合格后方可出厂。

附件 2　海水普通网箱通用技术要求

1　范围

本标准规定了海水普通网箱的术语和定义、标记、要求、检验方法、检验规则、标志、标签、包装、运输及储存要求。

本标准适用于框架采用高密度聚乙烯管材、无缝钢管或木质材料的海水普通网箱，其他海水普通网箱可参照执行。

2　规范性引用文件

下列文件对于本文件的应用是必不可少的。凡是注日期的引用文件，仅注日期的版本适用于本文件。凡是不注日期的引用文件，其最新版本（包括所有的修改单）适用于本文件。

GB/T 228　金属材料　室温拉伸试验方法

GB/T 549　电焊锚链

GB/T 3939.2　主要渔具材料命名与标记　网片

GB/T 4925　渔网　合成纤维网片强力与断裂伸长率试验方法

GB/T 6964　渔网网目尺寸试验方法

GB/T 8050　纤维绳索　聚丙烯裂膜、单丝、复丝（PP2）和高强复丝（PP3）3、4、8、12 股绳索（ISO 1346：2012，IDT）

GB/T 8834　纤维绳索　有关物理和机械性能的测定（ISO 2307：2005，IDT）

GB/T 11787　纤维绳索　聚酯　3 股、4 股、8 股和 12 股绳索（ISO 1141：2012，IDT）

GB/T 18673　渔用机织网片

GB/T 18674　渔用绳索通用技术条件

GB/T 21292　渔网　网目断裂强力的测定（ISO 1806：2002，IDT）

GB/T 30668　超高分子量聚乙烯纤维 8 股、12 股编绳和复编绳索（ISO 10325：2009，NEQ）

FZ/T 63028　超高分子量聚乙烯网线

SC/T 4001　渔具基本术语

SC/T 4005　主要渔具制作　网片缝合与装配

SC/T 4022　渔网　网线断裂强力和结节断裂强力的测定（ISO 1805：1973，IDT）

SC/T 4024　浮绳式网箱

SC/T 4025　养殖网箱浮架　高密度聚乙烯管

SC/T 4027　渔用聚乙烯编织线

SC/T 4028　渔网　网线直径和线密度的测定

SC/T 4066　渔用聚酰胺经编网片通用技术要求

SC/T 4067—2017　浮式金属框架网箱通用技术要求

SC/T 5001　渔具材料基本术语

SC/T 5003　塑料浮子试验方法　硬质泡沫

SC/T 5006　聚酰胺网线

SC/T 5007　聚乙烯网线

SC/T 5021　聚乙烯网片　经编型

SC/T 5022　超高分子量聚乙烯网片　经编型

SC/T 5031　聚乙烯网片　绞捻型

SC/T 6049　水产养殖网箱名词术语

3　术语和定义

SC/T 4001、SC/T 4025、SC/T 4067、SC/T 5001 和 SC/T 6049 界定的以及下列术语和定义适用于本文件。为了便于使用，以下重复列出了 SC/T 4025、SC/T 4067 和 SC/T 6049 中的一些术语和定义。

3.1

普通海水网箱　traditional sea cage

传统近岸网箱　traditional inshore cage

放置在沿海近岸、内湾或岛屿附近，水深不超过 15 m 的中小型网箱。

3.2

框架　frame

支撑网箱整体的刚性构件，既能使网箱箱体张开并保持一定形状，又能作为平台进行相关养殖操作。

　　[SC/T 4067—2017，定义 3.2]

3.3

支架　bracket

由底座、立柱等组成，用于连接浮管与扶手管的支撑架。

　　注：改写 SC/T4025—2016，定义 3.2。

3.4

箱体　cage body；net bag

亦称网体、网袋。由网衣构成的蓄养水产动物的空间。

　　[SC/T 6049—2011，定义 4.1]

3.5

高密度聚乙烯框架普通海水网箱　HDPE traditional sea cage

框架主要采用高密度聚乙烯管材的普通海水网箱。

3. 6

金属框架普通海水网箱　metal traditional sea cage

框架主要采用无缝钢管等金属材料的普通海水网箱。

3. 7

木质框架普通海水网箱　wooden traditional sea cage

框架主要采用木质材料的普通海水网箱。

4　标记

4.1　完整标记与简便标记

4.1.1　完整标记

海水普通网箱标记应至少包含下列内容［若网箱中不安装防跳网，则标记中不包含 e）项；若网箱作业方式为浮式高密度聚乙烯（HDPE）框架网箱以外的其他作业方式，则标记中不包含 g）项］：

 a) 网箱框架材质：HDPE 框架、金属框架、木质框架和其他框架分别用 HDPE、MENTAL、WOODEN 和 OTHER 代号表示；

 b) 箱体用（主要）网衣材质：聚乙烯网衣箱体、聚酰胺网衣箱体、聚酯网衣箱体、超高分子量网衣箱体、金属网衣箱体和其他网衣箱体分别用 PEN、PAN、PETN、UHMWPEN、MENTALN 和 OTHERN 代号表示；

 c) 网箱作业方式与形状：浮式方形网箱、浮式圆形网箱和其他形状浮式网箱分别使用 FS、FC 和 FO 代号表示；升降式方形网箱、升降式圆形网箱和其他形状升降式网箱分别使用 SSS、SSC 和 SSO 代号表示；沉式方形网箱、沉式圆形网箱和其他形状沉式网箱分别使用 SGS、SGC 和 SGO 代号表示；移动式方形网箱、移动式圆形网箱和其他形状移动式网箱分别使用 MS、MC 和 MO 代号表示；其他作业方式与形状网箱用 OMOT 代号表示；

 d) 网箱尺寸：使用"框架周长×箱体高度"或"框架长度×框架宽度×箱体高度"等网箱主体尺寸表示，单位为米（m）；

 e) 网箱防跳网高度：箱体上部用于防止养殖对象跳出水面逃跑的网衣或网墙高度，单位为米（m）；

 f) 网箱箱体网衣规格：按 GB/T 3939.2 的规定，箱体网衣规格应包含网片材料代号、织网用单丝或纤维线密度、网片（名义）股数、网目长度和结型代号；

 g) 浮式 HDPE 框架网箱浮管的总浮力：网箱浮管的总浮力单位为千牛（kN）；

 h) 本标准编号。

4.1.2　简便标记

在网箱制图、生产、运输、设计、贸易和技术交流中，可采用简便标记。简便标记按次序至少应包括 4.1.1 中的 c)、d) 2 项［若网箱中安装防跳网，则简便标记中还应包含 e) 项内容］，可省略 4.1.1 中的 a)、b)、f)、g) 和 h) 5 项。

4.2　标记顺序

海水普通网箱应按下列标记顺序标记：

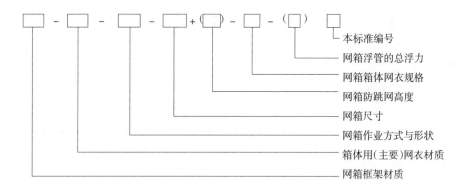

示例 1：框架长度×框架宽度为 3.5 m×3.5 m、箱体高度 3.0 m、箱体网衣规格为 PE‑36 tex×30‑35 mm　JB 的浮式方形木质框架海水普通网箱的标记为：

WOODEN—PEN—FS—3.5 m×3.5 m×3.0 m—PE‑36 tex×30‑35 mm　JB　SC/T 4044

示例 2：框架长度×框架宽度为 3.5 m×3.5 m、箱体高度 3.0 m、箱体网衣规格为 PE‑36 tex×30‑35 mm JB 的浮式方形木质框架海水普通网箱的简便标记为：

FS—3.5 m×3.5 m×3.0 m

5　要求

5.1　尺寸偏差率

应符合表 1 的规定。

表 1　尺寸偏差率

序号	项　　　目		网箱尺寸偏差率，%
1	网箱周长[a]		±3.0
2	网箱框架长度[a]		±3.0
3	网箱框架宽度[a]		±3.0
4	箱体高度[b]	≤2 m	±6.0
		>2 m	±4.5
5	防跳网高度[b]		±9.0

[a]　HDPE 框架普通海水网箱周长、框架长度与框架宽度均指内侧主浮管的中心线长度；金属框架普通海水网箱与木质框架海水普通网箱周长、长度和宽度均指框架的内框尺寸。

[b]　HDPE 框架普通海水网箱箱体高度不包括防跳网高度；金属框架普通海水网箱的箱体高度包括防跳网高度。

5.2　网箱框架材料

HDPE框架用高密度聚乙烯管材与支架材料应符合 SC/T 4025 的规定。金属框架用无缝钢管材料应符合 SC/T 4067—2017 中 5.3 的规定。木质框架用木板宜采用不易腐朽的硬木加工制作，其厚度不小于 30 mm。木板表面须平整、无变形开裂；木板制作木质框架前应经干燥与防腐处理。

5.3　网箱箱体

应符合表 2 的规定。

表 2　网箱箱体要求

序号	名　　称		要　　求	项　　目
1	箱体网衣	外观	GB/T 18673 或 SC/T 5021	网目长度偏差率 网目断裂强力或 网片纵向断裂强力或 网目连接点断裂强力
		聚乙烯经编型网片		
		聚乙烯单线单死结型网片		
		聚酰胺单线单死结型网片		
		聚酰胺经编型网片	SC/T 4066	
		超高分子量聚乙烯经编型网片	SC/T 5022	
		聚乙烯绞捻型网片	SC/T 5031	
2	箱体纲绳	聚乙烯绳索	GB/T 18674	最低断裂强力
		聚酰胺绳索		
		聚丙烯-聚乙烯绳索		
		聚丙烯绳索	GB/T 8050	
		聚酯绳索	GB/T 11787	
		超高分子量聚乙烯绳索	GB/T 30668	
3	箱体装配缝合线	聚酰胺网线	SC/T 5006	断裂强力 单线结强力 综合线密度
		聚乙烯网线	SC/T 5007	
		渔用聚乙烯编织线	SC/T 4027	
		超高分子量聚乙烯网线	FZ/T 63028	

5.4　网箱锚泊用合成纤维绳索与锚链材料

5.4.1　合成纤维绳索

聚丙烯绳索、聚酯绳索和超高分子量聚乙烯绳索最低断裂强力应分别符合 GB/T 8050、GB/T 11787、GB/T 30668 的规定；聚乙烯绳索、聚酰胺绳索和聚丙烯-聚乙烯绳索最低断裂强力应符合 GB/T 18674 的规定。

5.4.2　锚链

破断载荷和拉力载荷应符合 GB/T 549 的规定。

5.5　浮式 HDPE 框架网箱主浮管的浮力

浮式 HDPE 框架网箱主浮管的浮力与重量的差值应不小于 5 kN。

5.6　网箱装配要求

5.6.1　框架装配要求

5.6.1.1　HDPE 框架装配要求

应符合 SC/T 4025 的规定。

5.6.1.2　金属框架装配要求

应符合 SC/T 4067 的规定。

5.6.1.3　木质框架装配要求

5.6.1.3.1　按照网箱设计要求完成木质框架用木板的切割下料、钻孔等装配前处理工序。

5.6.1.3.2　如果木质框架装配需要连接件、连接铸件及 U 形螺栓等零部件，则需对上述零部件进行防腐蚀措施处理，且零部件质量需符合相关产品标准或合同规定。

5.6.1.3.3　框架系统由木质框架与浮筒或泡沫浮子等浮体组合安装而成。

5.6.1.3.4　框架系统装配时宜用柔性合成纤维绳索将浮体固定在木质框架上。

5.6.2　箱体装配要求

5.6.2.1　网衣间的装配要求

按 SC/T 4005 和 SC/T 4024 的规定执行。

5.6.2.2　纲绳在箱体上的装配要求

用缝合线将纲绳缝合在箱体网衣上，缝合距离宜不大于 15 cm，其他装配要求按 SC/T 4024 的规定执行。

5.6.3　框架与箱体的连接要求

先将箱体侧纲上端与框架连接固定，然后再用柔性合成纤维绳索将箱体上纲捆扎在框架上，捆扎间距以 20 cm～50 cm 为宜。

6　检验方法

6.1　尺寸偏差率

6.1.1　用卷尺等工具分别测量网箱周长（或网箱框架长度和宽度等网箱主体尺寸）、箱体高度、防跳网高度，每个试样重复测试 2 次，取其算术平均值，单位为米（m），数据取一位小数。

6.1.2　尺寸偏差率按式（1）计算。

$$\Delta x = \frac{x - x_1}{x_1} \times 100 \quad \cdots\cdots\cdots\cdots\cdots\cdots\cdots\cdots\cdots\cdots\cdots\cdots (1)$$

式中：

Δx ——网箱尺寸偏差率，单位为百分率（%）；

x ——网箱的实测尺寸，单位为米（m）；

x_1 ——网箱的公称尺寸，单位为米（m）。

6.2　网箱箱体

按表 3 的规定执行。

表 3 网箱箱体检验方法

序号	名　称	项　目	单位样品测试次数	检验方法
1	箱体网衣	外观	5	GB/T 6964
		网目长度	5	GB/T 18673
		网目长度偏差率	5	GB/T 18673
		网片纵向断裂强力	10	GB/T 4925
		网目断裂强力	20	GB/T 21292
		网目连接点断裂强力	5	SC/T 5031
2	箱体纲绳	最低断裂强力	3	GB/T 8834
3	箱体装配缝合线	断裂强力	5	SC/T 4022
		单线结强力	5	SC/T 4022
		综合线密度	5	SC/T 4028

6.3　网箱框架材料

6.3.1　HDPE框架网箱用高密度聚乙烯管材与支架材料

按 SC/T 4025 的规定执行。

6.3.2　金属框架网箱用无缝钢管材料

按 SC/T 4067—2017 中 6.3 的规定执行。

6.3.3　木质框架网箱用木板材料

在自然光线下，通过目测进行木板材料的外观检验。用游标卡尺等工具测量木板厚度，每个试样重复测试 2 次，取其算术平均值，单位为毫米（mm），数据取整数。

6.4　网箱锚泊用合成纤维绳索与锚链材料

6.4.1　合成纤维绳索

按 GB/T 8834 的规定执行。

6.4.2　锚链

按 GB/T 228 的规定执行。

6.5　浮式HDPE框架网箱主浮管的浮力

浮式 HDPE 框架网箱主浮管的浮力可选用检测法或理论计算法。选用检测法时，先在浮式 HDPE 框架网箱加工用主浮管上截取 3 段长度为（0.2±0.005）m 的浮管，再将两端封闭后按 SC/T 5003 的规定进行检验，测试试样浮力的算术平均值；最后按式（2）计算浮式 HDPE 框架网箱浮管的浮力，单位为千牛（kN），数据取整数。

$$F = \overline{F}_l \times \frac{L}{l} \quad\cdots\cdots\cdots\cdots\cdots\cdots\cdots\cdots\cdots\cdots\cdots\cdots\cdots\cdots\cdots\cdots (2)$$

式中：

F ——浮式 HDPE 框架网箱主浮管的浮力，单位为千牛（kN）；

$\overline{F}_l$ ——试样浮力的算术平均值，单位为千牛（kN）；

L ——浮式 HDPE 框架网箱主浮管的长度，单位为米（m）；

l ——试样长度，单位为米（m）。

选用理论计算法时，根据浮式 HDPE 框架网箱主浮管公称外径和总长度，按式（3）计算浮式 HDPE 框架网箱主浮管的浮力，单位为千牛（kN），数据取整数。

$$F = 7.706 \times \rho \times d_n^2 \times L \times 10^{-9} \quad\cdots\cdots\cdots\cdots\cdots\cdots\cdots\cdots\cdots \text{（3）}$$

式中：

ρ ——水的密度，单位为千克每立方米（kg/m³）；

d_n ——主浮管公称外径，单位为毫米（mm）。

6.6　网箱装配要求

在自然光线下，通过目测或卷尺等工具进行网箱装配要求检验。

7　检验规则

7.1　出厂检验

7.1.1 每批产品需经厂检验部门进行出厂检验，合格后并附有合格证方可出厂。

7.1.2 出厂检验项目为 5.1、5.3 中规定项目。网箱周长、网箱框架长度和网箱框架宽度为现场检验。

7.2　型式检验

7.2.1　检验周期和检验项目

7.2.1.1 型式检验每半年至少进行一次，有下列情况之一时亦应进行型式检验：

a）产品试制定型鉴定时或转厂生产时；

b）原材料和工艺有重大改变，可能影响产品性能时；

c）质量技术管理部门提出型式检验要求时。

7.2.1.2 型式检验项目为第 5 章的全部项目。

7.2.2　抽样

7.2.2.1 在相同工艺条件下，按 3 个月生产同一品种、同一规格的网箱为一批。

7.2.2.2 当每批网箱产量不少于 50 台（套）时，从每批网箱中随机抽取不少于 4% 的网箱作为样品进行检验；当每批网箱产量小于 50 台（套）时，从每批网箱中随机抽取 2 台（套）网箱作为样品进行检验。

7.2.2.3 在抽样时，网箱尺寸偏差率（5.1）和网箱装配（5.5）项目可以在现场检验。

7.2.3　判定

按下列规定进行判定：

a）在检验结果中，若所有样品的全部检验项目符合第 5 章的要求时，则判该批产品合格；

b）在检验结果中，若有 1 个项目不符合第 5 章的要求时，则判该批产品为不合格。

8　标志、标签、包装、运输及储存

8.1　标志、标签

每个网箱应附有产品合格证明作为标签，标签上至少应包含下列内容：

a）产品名称；

b）产品规格；

c）生产企业名称与地址；

d）检验合格证；

e）生产批号或生产日期；

f）执行标准。

8.2 包装

框架材料、箱体材料、锚泊用合成纤维绳索与锚链材料应用帆布、彩条布、绳索、编织袋或木箱等合适材料包装或捆扎，外包装上应标明材料名称、规格及数量。

8.3 运输

产品在运输过程中应避免抛摔、拖曳、磕碰、摩擦、油污和化学品的污染，切勿用锋利工具钩挂。

8.4 储存

框架材料、箱体材料、锚泊用合成纤维绳索与锚链材料应存放在清洁、干燥的库房内，远离热源 3 m 以上；室外存放应有适当的遮盖，避免阳光照射、风吹雨淋和化学腐蚀。若框架材料、箱体材料、锚泊用合成纤维绳索与锚链材料（从生产之日起）储存期超过 2 年，则应经复检，合格后方可出厂。

附件 3   水产养殖网箱浮筒通用技术要求

1   范围

本标准规定了水产养殖网箱浮筒的术语和定义、标记、要求、检验方法、检验规则、标志、标签、包装、运输及储存要求。

本标准适用于经发泡成型或滚塑成型等加工而成、用于水表面的水产养殖浮式网箱浮筒，其他水产养殖网箱浮筒可参照执行。

2   规范性引用文件

下列文件对于本文件的应用是必不可少的。凡是注日期的引用文件，仅注日期的版本适用于本文件。凡是不注日期的引用文件，其最新版本（包括所有的修改单）适用于本文件。

GB/T 8050   纤维绳索   聚丙烯裂膜、单丝、复丝（PP2）和高强复丝（PP3）3、4、8、12 股绳索（ISO 1346：2012，IDT）

GB/T 8834   纤维绳索   有关物理和机械性能的测定（ISO 2307：2005，IDT）

GB/T 11787   纤维绳索   聚酯   3 股、4 股、8 股和 12 股绳索（ISO 1141：2012，IDT）

GB/T 18674   渔用绳索通用技术条件

GB/T 30668   超高分子量聚乙烯纤维 8 股、12 股编绳和复编绳索（ISO 10325：2009，NEQ）

SC/T 4001   渔具基本术语

SC/T 5001   渔具材料基本术语

SC/T 6049   水产养殖网箱名词术语

3   术语和定义

SC/T 4001、SC/T 5001 和 SC/T 6049 界定的以及下列术语和定义适用本文件。为了便于使用，以下重复列出了 SC/T 6049 中的一些术语和定义。

3.1

水产养殖网箱   aquaculture cage

用适宜材料制成的箱状水产动物养殖设施。

注：SC/T 6049—2011，定义 2.1。

3.2

水产养殖网箱浮筒   aquaculture cage float

在水中具有浮力，且形状和结构适合装配在养殖网箱设施上的属具。

3.3

水产养殖网箱泡沫浮筒　aquaculture cage foaming molding float

经发泡成型的水产养殖网箱浮筒。

3.4

水产养殖网箱滚塑浮筒　aquaculture cage rotational molding float

经滚塑成型的水产养殖网箱浮筒。

3.5

填充型水产养殖网箱滚塑浮筒　filling-type aquaculture cage rotational molding float

浮筒壳体内部填充聚氨酯或聚苯乙烯等发泡材料的水产养殖网箱滚塑浮筒。

3.6

空心型水产养殖网箱滚塑浮筒　hollow-type aquaculture cage rotational molding float

浮筒壳体内部空心的水产养殖网箱滚塑浮筒。

4　标记

4.1　完整标记与简便标记

4.1.1　完整标记

水产养殖网箱浮筒标记应至少包含下列内容：

a) 浮筒名称：泡沫浮筒、滚塑浮筒、填充型滚塑浮筒、空心型滚塑浮筒和其他浮筒分别用 FM‑FLOAT、RM‑FLOAT、FT‑RM‑FLOAT、HT‑RM‑FLOAT 和 OTHER‑FLOAT 代号表示；

b) 浮筒外形尺寸：圆柱形浮筒使用"外径×长度"，桶形或罐形浮筒使用"最大外形直径(或宽度)×长度"，长方体形或正方体形浮筒使用"长度×宽度×厚度（或高度）"表示，其他形状浮筒使用浮筒外形的最大主体尺寸表示，单位为毫米（mm）；

c) 浮筒材质：聚苯乙烯泡沫浮筒材质以 PS 代号表示，其他泡沫浮筒材质以 OFMM 代号表示；填充型聚乙烯滚塑浮筒（浮筒内部填充聚苯乙烯）、填充型聚乙烯滚塑浮筒（浮筒内部填充聚氨酯）、空心型聚乙烯滚塑浮筒、其他类型滚塑浮筒材质分别以 PE＋FTPS、PE＋FTPUR、PE＋HT 和 ORMM 代号表示；上述泡沫浮筒与滚塑浮筒之外的其他浮筒以 OMMM 代号表示；

d) 浮筒公称浮力：浮筒的公称浮力单位为十牛（daN）；

e) 本标准编号。

4.1.2　简便标记

在浮筒制图、生产、运输、设计、贸易和技术交流中，可采用简便标记。简便标记按次序至少应包括 4.1.1 中的 a)、b) 两项，可省略 4.1.1 中的 c)、d)、e) 三项。

4.2　标记顺序

水产养殖网箱浮筒应按下列标记顺序标记：

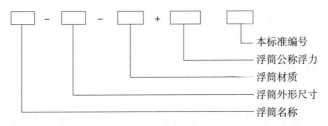

本标准编号
浮筒公称浮力
浮筒材质
浮筒外形尺寸
浮筒名称

示例 1：外径×长度为 Φ480 mm×780 mm、公称浮力为 100 daN，以聚苯乙烯为原料发泡成型的网箱养殖用圆柱形聚苯乙烯泡沫浮筒的标记为：

FM - FLOAT—Φ480 mm×780 mm—PS＋100 daN　SC/T 4045

示例 2：外径×长度为 Φ650 mm×1 100 mm、公称浮力为 320 daN，浮筒外壳以聚乙烯为原料滚塑成型、浮筒内部填充聚氨酯的网箱养殖用圆柱形填充型聚乙烯滚塑浮筒的标记为：

RM - FLOAT—Φ650 mm×1 100 mm—PE＋FTPUR＋320 daN　SC/T 4045

示例 3：外径×长度为 Φ600 mm×1 050 mm、公称浮力为 260 daN，以聚苯乙烯为原料发泡成型的网箱养殖用圆柱形聚苯乙烯泡沫浮筒的简便标记为：

FM - FLOAT—Φ600 mm×1 050 mm

示例 4：外径×长度为 Φ650 mm×1 100 mm、公称浮力为 320 daN，浮筒外壳以聚乙烯为原料滚塑成型、浮筒内部填充聚氨酯的网箱养殖用圆柱形填充型聚乙烯滚塑浮筒的简便标记为：

RM - FLOAT—Φ650 mm×1 100 mm

5　要求

5.1　尺寸偏差率

应符合表 1 的规定。

表 1　尺寸偏差率

序号	项　　目	浮筒尺寸偏差率，%
1	外径[a]	±2.0
2	长度[b]	±2.0
3	宽度[b]	±2.0
4	厚度或高度[b]	±2.0

[a]　外径指圆柱形浮筒的直径、桶形或罐形浮筒的最大外径。

[b]　长度、宽度、厚度（或高度）指浮筒的（最大外形）长度、宽度和厚度（或高度）。

5.2　性能要求

5.2.1　泡沫浮筒

浮筒材料的密度不小于 15 kg/m^3。

5.2.2 滚塑浮筒

5.2.2.1 空心型滚塑浮筒

5.2.2.1.1 浮筒外壳无气孔，以免浮筒渗漏。

5.2.2.1.2 浮筒外壳无毛刺，以免浮筒使用过程中损坏浮筒捆扎绳与养殖网箱箱体网衣。

5.2.2.1.3 浮筒外壳壳体壁厚不小于 6.0 mm，且其壁厚偏差率不大于±10％。

5.2.2.2 填充型滚塑浮筒

5.2.2.2.1 浮筒外壳无气孔，以免浮筒渗漏。

5.2.2.2.2 浮筒外壳无毛刺，以免浮筒使用过程中损坏浮筒捆扎绳与养殖网箱箱体网衣。

5.2.2.2.3 浮筒外壳壳体壁厚不小于 5.0 mm，且其壁厚偏差率不大于±10％。

5.2.2.2.4 浮筒内部填充聚氨酯材料的平均密度不小于 30 kg/m³，其他填充材料的平均密度不小于 15 kg/m³。

5.3 装配用捆扎绳断裂强力要求

滚筒装配宜用绳索，绳索断裂强力应符合表 2 的规定。

表 2 装配用捆扎绳要求

名　　称		要　　求	项　目
装配用捆扎绳	聚乙烯绳索	GB/T 18674	最低断裂强力
	聚酰胺绳索		
	聚丙烯-聚乙烯绳索		
	聚丙烯绳索	GB/T 8050	
	聚酯绳索	GB/T 11787	
	超高分子量聚乙烯绳索	GB/T 30668	

5.4 浮力要求

不小于公称浮力。

5.5 装配要求

5.5.1 泡沫浮筒装配要求

以浮筒为养殖网箱框架系统提供浮力时，先将浮筒套在土工布袋或深色网目尺寸小于 1.5 cm 的小网目网袋等袋中并扎紧，再用捆扎绳将浮筒按设计要求牢固地捆扎在养殖网箱金属框架或木质框架等框架的下方；以浮筒为养殖网箱锚泊系统浮绳框提供浮力或作为锚泊标记时，先将浮筒套在土工布袋或深色网目尺寸小于 1.5 cm 的小网目网袋等袋中，再用捆扎绳将浮筒与浮绳框或锚绳等连接固定。

5.5.2 滚塑浮筒装配要求

以浮筒为养殖网箱框架系统提供浮力时，用捆扎绳将浮筒按设计要求牢固地捆扎在养殖网箱金属框架或木质框架等框架的下方；以浮筒为养殖网箱锚泊系统浮绳框提供浮力或作为锚泊标记时，用捆扎绳将浮筒与浮绳框或锚绳等连接固定。

6　检验方法

6.1　尺寸偏差率

6.1.1　主体尺寸测量

用卷尺等工具分别测量浮筒外径、长度等浮筒主体尺寸，每个试样重复测试 2 次，取其算术平均值，单位为毫米（mm），数据取整数。

6.1.2　尺寸偏差率

按式（1）计算。

$$\Delta x = \frac{x - x'}{x'} \times 100 \quad \cdots\cdots\cdots\cdots\cdots\cdots\cdots\cdots\cdots\cdots\cdots\cdots\cdots\cdots\cdots \quad (1)$$

式中：

Δx ——尺寸偏差率，单位为百分率（%）；

x　——实测尺寸，单位为毫米（mm）；

x'　——公称尺寸，单位为毫米（mm）。

6.2　性能要求

6.2.1　泡沫浮筒

测量泡沫浮筒材料的重力，测量泡沫浮筒材料的体积，然后按式（2）计算泡沫浮筒材料的密度。

$$\rho = \frac{G}{g \times V} \quad \cdots\cdots\cdots\cdots\cdots\cdots\cdots\cdots\cdots\cdots\cdots\cdots\cdots\cdots\cdots\cdots \quad (2)$$

式中：

ρ　——浮筒材料的密度，单位为千克每立方米（kg/m³）；

G　——泡沫浮筒材料在空气中的重力，单位为牛顿（N）；

g　——9.80 m/s²；

V　——泡沫浮筒的体积，单位为立方米（m³）。

6.2.2　滚塑浮筒

6.2.2.1　空心型滚塑浮筒外壳

6.2.2.1.1　将密闭的浮筒浸没于静水中至少 0.5 h，观察无气泡溢出。

6.2.2.1.2　在自然光下，目测浮筒外壳无毛刺。

6.2.2.1.3　先用开孔器在浮筒外壳壳体上的 5 个不同位置开孔切割取样，再用游标卡尺测量开孔切割获得的浮筒外壳壳体样品厚度，取其算术平均值，单位为毫米（mm），数据取整数；最后按式（3）计算浮筒外壳壳体壁厚的偏差率。

$$\Delta c = \frac{c - c_1}{c_1} \times 100 \quad \cdots\cdots\cdots\cdots\cdots\cdots\cdots\cdots\cdots\cdots\cdots\cdots\cdots\cdots \quad (3)$$

式中：

Δc ——浮筒外壳壳体壁厚偏差率，单位为百分率（%）；

c　——浮筒外壳壳体壁厚的实测尺寸，单位为毫米（mm）；

c_1——浮筒外壳壳体壁厚的公称尺寸，单位为毫米（mm）。

6.2.2.2 填充型滚塑浮筒外壳

6.2.2.2.1 将密闭的浮筒浸没于静水中至少 0.5 h，若观察不到水中有气泡溢出，则表明浮筒外壳无气孔。

6.2.2.2.2 在自然光下，通过目测进行浮筒外壳毛刺的外观检验。

6.2.2.2.3 先用开孔器在浮筒外壳壳体上的 5 个不同位置开孔切割取样，再用游标卡尺测量开孔切割获得的浮筒外壳壳体样品厚度，取其算术平均值，单位为毫米（mm），数据取整数；最后按式（3）计算浮筒外壳壳体壁厚的偏差率。

6.2.2.2.4 测量浮筒内部填充材料的重力和体积，然后按式（2）计算浮筒内部填充材料的平均密度。

6.3 装配用捆扎绳断裂强力要求

按 GB/T 8834 的规定执行。

6.4 装配要求

在自然光下，目测。

7 检验规则

7.1 出厂检验

7.1.1 每批产品需经厂检验部门进行出厂检验，合格后并附有合格证方可出厂。

7.1.2 出厂检验项目为 5.1、5.2 中规定项目。

7.2 型式检验

7.2.1 检验周期和检验项目

7.2.1.1 型式检验每半年至少进行一次，有下列情况之一时亦应进行型式检验：

　　a）产品试制定型鉴定时或转厂生产时；

　　b）原材料和工艺有重大改变，可能影响产品性能时；

　　c）质量技术管理部门提出型式检验要求时。

7.2.1.2 型式检验项目为第 5 章的全部项目。

7.2.2 抽样

7.2.2.1 在相同工艺条件下，按 3 个月生产同一品种、同一规格的浮筒为一批。

7.2.2.2 从每批浮筒中随机抽取 2 套浮筒作为样品进行检验。

7.2.2.3 在抽样时，浮筒尺寸偏差率（5.1）和浮筒装配（5.5）项目可以在现场检验。

7.2.3 判定

按下列规定进行判定：

　　a）若所有样品的全部检验项目符合第 5 章要求，则判该批产品合格；

　　b）若浮筒尺寸偏差率、浮筒性能要求中有 1 项不符合要求，则判该批产品为不合格。

8 标志、标签、包装、运输及储存

8.1 标志、标签

每个浮筒应附有产品合格证明作为标签，标签上至少应包含下列内容：

a）产品名称；

b）产品规格；

c）生产企业名称与地址；

d）检验合格证；

e）生产批号或生产日期；

f）执行标准。

8.2 包装

浮筒应用帆布、彩条布、绳索或编织袋等合适材料包装或捆扎，外包装上应标明材料名称、规格及数量。

8.3 运输

产品在运输过程中应避免抛摔、拖曳、磕碰、摩擦、油污和化学品的污染，切勿用锋利工具钩挂。

8.4 储存

浮筒及其捆扎绳应存放在清洁、干燥的库房内，远离热源 3 m 以上；室外存放应有适当的遮盖，避免阳光照射、风吹雨淋和化学腐蚀。若浮筒及其捆扎绳（从生产之日起）储存期超过 2 年，则应经复检，合格后方可出厂。

参考文献
REFERENCES

白殿一，2002. GB/T 1.1—2000《标准化工作导册第 1 部分：标准的结构和编写规则》实施指南 ［M］. 北京：中国标准出版社.

柴秀芳，1998. 浅述渔具及渔具材料标准化 ［J］. 现代渔业信息（12）：114-21.

柴秀芳，石建高，汤振明，2004. 渔具材料专业标准体系现状与发展对策 ［J］. 海洋渔业（3）：234-238.

陈晓蕾，刘永利，黄洪亮，等，2008. 不同排布方式圆形重力式网箱容积保持率的模型试验 ［J］. 海洋渔业，30（4）：340-349.

陈雪忠，黄锡昌，2011. 渔具模型试验理论与方法 ［M］. 上海：上海科学技术出版社.

崔建章，1997. 渔具与渔法学 ［M］. 北京：中国农业出版社.

崔江浩，2005. 重力式养殖网箱耐流特性的数值模拟及仿真 ［D］. 山东：中国海洋大学.

冯顺楼，1989. 中国海洋渔具图集 ［M］. 杭州：浙江科学技术出版社.

郭根喜，黄小华，胡昱，等，2013. 深水网箱理论研究与实践 ［M］. 北京：海洋出版社.

国家标准化管理委员会，2003. 国际标准化工作手册 ［M］. 北京：中国标准出版社.

黄朝禧，2009. 渔业工程学 ［M］. 北京：高等教育出版社.

黄建中，左禹，2003. 材料的耐蚀性和腐蚀数据 ［M］. 北京：化学工业出版社.

黄锡昌，2003. 中国远洋捕捞手册 ［M］. 上海：上海科学技术文献出版社.

雷霁霖，2005. 海水鱼类养殖理论与技术 ［M］. 北京：中国农业出版社.

李春田，2011. 现代标准化方法：综合标准化 ［M］. 北京：中国质检出版社.

李应济，张本，2007. 海洋开发与管理读本 ［M］. 北京：海洋出版社.

梁超愉，张汉华，郭根喜，等，2003. 圆形双浮管升降式抗风浪网箱及养殖技术 ［J］. 渔业现代化（2）2：6-8.

马士德，李伟华，孙虎元，等，2006. 海洋腐蚀的生物控制 ［J］. 金属腐蚀控制，20（3）.

农业部渔业渔政管理局，2016a. 东海区海洋捕捞渔具渔法与管理 ［M］. 北京：海洋出版社.

农业部渔业渔政管理局，2016b. 中国渔业统计年鉴 ［M］. 北京：中国农业出版社.

农业部渔业渔政管理局，2017. 中国渔业统计年鉴 ［M］. 北京：中国农业出版社.

农业农村部渔业渔政局，2019. 中国渔业统计年鉴 ［M］. 北京：中国农业出版社.

朴正根，2015. 韩国渔具分类与渔具准入研究 ［J］. 渔业信息与战略，30（3）：212-219.

桑守彦，2004. 金網生簀の構成と運用 ［M］. 东京：成山堂书店.

石建高，2011. 渔用网片与防污技术 ［M］. 上海：东华大学出版社.

石建高，2016a. 海水抗风浪网箱工程技术 ［M］. 北京：海洋出版社.

石建高，2016b. 渔业装备与工程用合成纤维绳索 ［M］. 北京：海洋出版社.

石建高，2017. 捕捞渔具准入配套标准体系研究 ［M］. 北京：中国农业出版社.

石建高，2018a. 海水增养殖设施工程技术 ［M］. 北京：海洋出版社.

石建高，2018b. 绳网技术学 [M]. 北京：中国农业出版社 .

石建高，孙满昌，余雯雯，等，2017. 捕捞与渔业工程装备用网线技术 [M]. 北京：海洋出版社 .

石建高，姚湘江，张健，等，2019. 深远海生态围栏养殖技术 [M]. 北京：海洋出版社 .

石建高，周新基，沈明，等，2019. 深远海网箱养殖技术 [M]. 北京：海洋出版社 .

石建高，房金岑 .2019. 水产综合标准体系研究与探讨 [M]. 北京：中国农业出版社 .

石建高，刘永利，王鲁民，等，2012. 深水网箱箱体用超高强经编网的物理性能研究 [J]. 渔业信息与
战略，27（4）：303 - 309.

石建高，刘永利，王鲁民，等，2013. 深水网箱箱体用超高强绳索物理机械性能的研究 [J]. 渔业信息
与战略，28（2）：127 - 133.

石建高，史航，王鲁民，等，2011. 新型环保渔网防污剂的研究 [J]. 现代渔业信息，26（9）：7 - 12.

石建高，王鲁民，2003. 渔用超高分子量聚乙烯纤维绳索的研究 [J]. 上海水产大学学报，12（4）：
371 - 375.

石建高，王鲁民，2004. 超高分子量聚乙烯和高密度聚乙烯网线的拉伸力学性能比较研究 [J]. 中国海
洋大学学报，34（1）：381 - 388.

石建高，王鲁民，汤振明，等，2004. 超高分子量聚乙烯和锦纶经编网片的拉伸力学性能比较 [J]. 中
国水产科学，11（z1）：40 - 44.

石建高，王鲁民，徐君卓，等，2008. 深水网箱选址初步研究 [J]. 现代渔业信息，23（2）：9 - 22.

石建高，余雯雯，卢本才，2020. 中国深远海网箱的发展现状与展望 [J/OL]. 水产学报：1 - 12 [2020 -
11 - 11]. http：//kns. cnki. net/kcms/detail/31. 1283. s. 20201016. 1444. 004. html.

石建高，余雯雯，赵奎，等，2020. 海水网箱网衣防污技术的研究进展 [J/OL]. 水产学报：1 - 12
[2020 - 11 - 11]. http：//kns. cnki. net/kcms/detail/31. 1283. S. 20200831. 1508. 004. html.

宋辅华，1986. 国内外渔具、渔具材料专业标准概况 [J]. 海洋渔业（1）：15 - 19.

孙满昌，2009. 渔具材料与工艺学 [M]. 北京：中国农业出版社 .

孙满昌，2004. 渔具渔法选择性 [M]. 北京：中国农业出版社 .

孙满昌，2005. 海洋渔业技术学 [M]. 北京：中国农业出版社 .

孙满昌，汤威，2005. 方形结构网箱单箱体型锚泊系统的优化研究 [J]. 海洋渔业（4）：328 - 332.

孙满昌，张健，钱卫国，2003. 飞碟型网箱水动力模型试验与理论计算比较 [J]. 上海水产大学学报，
12（4）：319 - 323.

汤振明，郭亦萍，2000. 渔具、渔具材料标准化研究现状及存在问题的探讨 [J]. 现代渔业信息（2）：
14 - 16＋31.

唐建业，2011. 国外海洋渔业准入制度的实践分析 [J]. 广东海洋大学学报，31（2）：1 - 6.

唐启升，2017. 水产养殖绿色发展咨询研究报告 [M]. 北京：海洋出版社 .

王飞，2004. 圆柱形网箱水动力性能研究 [D]. 上海：上海水产大学 .

王海华，黄江峰，盛银平，2005. 我国的水产标准体系与水产标准化进展情况 [J]. 江西水产科技（3）：
23 - 25.

王建中，1997. 产品标准编写指南 [M]. 北京：中国标准出版社 .

王纬，2009. 我国水产行业标准体系的构建 [J]. 上海海洋大学学报（2）：222 - 226.

徐君卓，2002. 我国深水网箱养鱼产业化发展前瞻 [J]. 现代渔业信息，17（4）：9 - 12.

徐君卓，2005. 深水网箱养殖技术 [M]. 北京：海洋出版社 .

徐君卓，2007. 海水网箱与网围养殖［M］. 北京：中国农业出版社 .

杨明升，2005. 我国农业技术标准体系建设的问题分析与对策建议［J］. 农业质量标准，4：11 - 13.

张本，2002. 抗风浪深水网箱养殖存在的问题及对策建议［J］. 中国水产（5）：28 - 29.

张本，林川，2007. 近海抗风浪养鱼技术［M］. 海南：三环出版社 .

张健，金宇锋，石建高，等，2015. 对我国渔具分类标准的探讨［J］. 海洋渔业，37（3）：270 - 276.

张秋华，程家骅，徐汉祥，等，2007. 东海区渔业资源及其可持续利用［M］. 上海：复旦大学出版社 .

郑国富，黄桂芳，戴天元，等，2001. 柔性结构养殖网箱的抗风浪性能试验报告［J］. 海洋湖沼通报
（1）：26 - 30.

郑纪勇，2010. 海洋生物污损与材料腐蚀［J］. 中国腐蚀与防护学报，30（2）．

中村允，1979. 水产土木学［M］. 东京：INA 东京时事通讯社 .

Aalvik B，1944. Guidelines for Salmon Farming［M］. Norway：Director of Fisheries.

lust G，1982. Fiber ropes for fishing gear：FAO Fishing Manuals［M］. London：Fishing News
（Books）ltd.

Shi J G，2018. Intelligent Equipment Technology for Offshore Cageculture
［M］. Beijing：China Ocean Press.

Torrlssen O J，1995. Aquaculture in Norway［J］. World Aguaculture，26（3）：12 - 20.

图书在版编目（CIP）数据

水产养殖网箱标准体系研究 / 石建高主编 . —北京：
中国农业出版社，2020.11
ISBN 978-7-109-27267-5

Ⅰ.①水… Ⅱ.①石… Ⅲ.①深海—海水养殖—网箱
养殖 Ⅳ.①S967.3

中国版本图书馆 CIP 数据核字（2020）第 175764 号

中国农业出版社出版

地址：北京市朝阳区麦子店街 18 号楼
邮编：100125
责任编辑：杨晓改　　文字编辑：张庆琼
版式设计：王　晨　　责任校对：吴丽婷
印刷：中农印务有限公司
版次：2020 年 11 月第 1 版
印次：2020 年 11 月北京第 1 次印刷
发行：新华书店北京发行所
开本：787mm×1092mm　1/16
印张：10
字数：250 千字
定价：58.88 元